ABRÉGÉ

DES

SCIENCES

PHYSIQUES ET NATURELLES

OUVRAGE
RÉPONDANT AU PROGRAMME DE JUILLET 1882
POUR LE COURS SUPÉRIEUR DES ÉCOLES PUBLIQUES
ET A CELUI DU BREVET ÉLÉMENTAIRE
DE L'ENSEIGNEMENT PRIMAIRE

PAR

P. LARGETEAU

Directeur de l'École primaire supérieure de Bordeaux.

———

9e ÉDITION

AUGMENTÉE DE NOMBREUSES FIGURES ET DE CHAPITRES NOUVEAUX

OUVRAGE
ADOPTÉ DANS LES ÉCOLES COMMUNALES
DE LA VILLE DE PARIS.

BORDEAUX | PARIS
G. MULLER | A. COLIN & Cie
rue Ste-Catherine, 98. | rue de Mézières, 1-3-5.

1889

AVIS DES ÉDITEURS

———

Ce petit traité est le résumé du cours que l'Auteur a professé pendant quatre ans dans les Écoles communales de Bordeaux. Primitivement, le texte autographié en était distribué au fur et à mesure des leçons. Le cours de M. Largeteau ayant pris fin par suite de sa nomination à d'autres fonctions, il a paru utile à un grand nombre de chefs d'établissement que son travail fût conservé, et nous nous sommes chargés de le réunir en un volume. Huit éditions épuisées en peu de temps ont justifié notre entreprise.

Quelques chapitres nouveaux ont été ajoutés, dans cette édition, au premier texte. Nous avons, en outre, augmenté le nombre des figures. Nous nous hâtons d'ajouter que c'est d'après les indications mêmes de l'auteur que ces modifications ont été faites, en sorte que le cours ne cesse pas d'être une œuvre originale.

Tel qu'il est aujourd'hui, ce cours, d'après l'avis des professeurs que nous avons consultés, est parfaitement suffisant pour la préparation aux examens du *Brevet élémentaire*, ainsi qu'à ceux du *Certificat d'études primaires supérieures*.

NOTA. — Nous avons fait imprimer en caractères fins les parties du cours qui nous ont paru les moins importantes ou les plus difficiles. Il n'y aurait pas d'inconvénient notable à les supprimer, le texte ainsi abrégé ne cessant pas de former un ensemble suffisamment complet pour des enfants.

ABRÉGÉ

DES

SCIENCES PHYSIQUES ET NATURELLES

— ••• —

PHYSIQUE

—

NOTIONS PRÉLIMINAIRES

———

1. On appelle *matière* tout ce qui est pesant, comme l'eau, l'air, la pierre, etc., et l'on donne le nom de *corps* à toute portion de matière, comme une pierre, un morceau de charbon, etc.

Les corps sont formés de parties de matière extrêmement petites, qu'on appelle *molécules*. On a des raisons de penser que les molécules d'un corps ne se touchent pas, même dans les corps les plus compacts, en sorte que chacune d'elles est entourée d'un petit espace vide qui la sépare des voisines.

2. On donne le nom de *phénomène* à toute action naturelle qui tombe sous nos sens. Ainsi, la chute d'une pierre, la congélation de l'eau par le froid, sont des phénomènes.

3. La *physique* est la science qui étudie les phénomènes qui n'altèrent pas la nature des corps (1).

4. Les corps sont *solides*, *liquides* ou *gazeux*.

Les corps **solides**, tels que les métaux, la pierre, sont

(1) Dans l'étude de ces phénomènes, nous adopterons l'ordre suivant : pesanteur, chaleur, électricité, magnétisme, lumière, son.

formés de molécules qui ne peuvent être séparées sans un effort plus ou moins grand.

Les corps **liquides**, tels que le mercure, l'eau, sont formés de molécules qui roulent facilement les unes sur les autres, n'ayant que très peu d'adhérence entre elles.

Les corps **gazeux**, tels que l'air, la vapeur d'eau, le gaz d'éclairage, sont composés de molécules qui, loin d'être retenues les unes par les autres, paraissent se repousser au contraire, en sorte que les gaz tendent toujours à occuper un plus grand espace et exercent contre les parois des vases qui les contiennent une pression que l'on appelle *force élastique* ou *tension*.

QUESTIONNAIRE. — Qu'appelle-t-on matière, — corps, — molécules? — Les molécules d'un corps se touchent-elles? — Qu'appelle-t-on phénomène? — Donnez des exemples. — Qu'est-ce que la physique? — Donnez des exemples de phénomènes physiques. — Qu'appelle-t-on corps solides, — liquides, — gazeux? — Qu'appelle-t-on force élastique ou tension d'un gaz?

PESANTEUR

I. — Poids. — Chute des corps.

5. PESANTEUR. — La pesanteur est l'attraction que la terre exerce sur tous les corps de la nature.

La direction de la pesanteur est, dans chaque lieu, la perpendiculaire à la surface de l'eau tranquille. Cette direction passe par le centre de la terre et peut être indiquée par le fil à plomb. On la nomme *verticale*.

6. La surface de l'eau tranquille a tous ses points également distants du centre de la terre. Une pareille surface est dite *horizontale*. Quoiqu'elle participe à la rondeur de la terre, si on la considère sous une petite étendue, on peut admettre qu'elle est sensiblement plane.

7. Chute des corps. — L'action de la pesanteur sur les corps a pour effet de les faire *tomber*, c'est-à-dire de les faire diriger vers le centre de la terre dès qu'aucun obstacle ne s'y oppose. L'observation montre que, *dans le vide, c'est-à-dire dans un espace privé d'air, tous les corps tombent avec la même vitesse.* Ils tombent à peu près de la même manière dans l'air, lorsqu'ils ont un poids un peu considérable sous un petit volume. On trouve qu'ils parcourent :

4^{m}9 dans la première seconde de leur chute ;

4^{m}9 $\times$ 4 ou 19^{m}6 pendant les deux premières secondes ;

4^{m}9 $\times$ 9 ou 44^{m}1 pendant les trois premières ;

4^{m}9 $\times$ 16 ou 78^{m}4 pendant les quatre premières, etc.

En général, l'espace parcouru dans un certain nombre de secondes est égal à 4^{m}9 multiplié par le carré de ce nombre de secondes. C'est ce qu'on exprime en disant que *les espaces parcourus par un corps qui tombe sont proportionnels aux carrés des temps employés à les parcourir.*

Dans les circonstances ordinaires, tous les corps ne tombent pas également vite ; cela est dû à la résistance de l'air, résistance plus efficace sur les corps légers que sur les corps lourds.

8. Poids. — On appelle poids d'un corps la pression que ce corps exerce sur l'obstacle qui l'empêche de tomber.

Le poids d'un corps est proportionnel à la quantité de matière dont il est composé. Voilà pourquoi, dans la pratique, on remplace la mesure du volume des denrées vendues ou achetées par la mesure de leur poids.

On mesure le poids des corps avec les différentes sortes de balances.

QUESTIONNAIRE. — Qu'est-ce que la pesanteur ? — Quelle est la direction de la pesanteur ? — Comment nomme-t-on cette direc-

tion? — Qu'entend-on par surface horizontale? — Une pareille
surface est-elle rigoureusement plane? — Qu'est-ce que le poids
d'un corps? — Quelle est la relation qui existe entre le poids d'un
corps et la quantité de matière dont il est composé? — Quelle
application fait-on de cette relation? — Avec quels appareils
mesure-t-on le poids des corps? — Comment tous les corps tom-
bent-ils dans le vide? — Quels espaces parcourent-ils dans une
seconde, deux secondes, etc.? Comment trouve-t-on l'espace parcouru par un corps qui tombe pendant un nombre quelconque de
secondes? — Pour quelle cause un corps léger tombe-t-il plus
lentement dans l'air qu'un corps lourd?

APPENDICE A L'ÉTUDE DE LA PESANTEUR

9. Du Levier. — Quand on a à soulever un fardeau ou à
vaincre une résistance, on se sert fréquemment d'une barre
en bois ou en fer assujettie à tourner autour d'un point fixe,
et par l'intermédiaire de laquelle on transmet au fardeau
ou à la résistance l'effort que l'on développe. Cette barre se
nomme *levier*.

On appelle *puissance* l'effort appliqué à un levier en vue
de vaincre une résistance. Le *point d'application de la puissance* est le point du levier sur lequel agit la puissance, et le
point d'application de la résistance est l'endroit qui presse
directement sur l'obstacle à vaincre.

L'emploi du levier permet, suivant les cas :

1º D'agir sur l'obstacle à vaincre d'une manière plus com-
mode qu'en y appliquant directement les mains;

2º De vaincre une résistance considérable avec une puissance médiocre, sauf à ne déplacer l'obstacle que d'une
petite quantité;

3º D'obtenir, au contraire, un déplacement considérable
de l'obstacle sans déplacement notable du point d'application de la puissance, sauf à augmenter l'énergie de celle-ci
en raison de l'augmentation de vitesse que l'on désire
obtenir.

Soit A B C (fig. 1), un levier par l'intermédiaire duquel on
désire soulever une pierre en agissant sur l'extrémité C.
Supposons que l'on agisse sur cette extrémité suivant la direction CF. La direction de la résistance à vaincre est celle de
la pesanteur, c'est-à-dire la verticale AP. Menons, du point
d'appui B, les perpendiculaires BD et BE sur les directions

de la puissance et de la résistance. La perpendiculaire BD se nomme le *bras de levier de la puissance*, et la perpendiculaire BE s'appelle *bras de levier de la résistance* (¹).

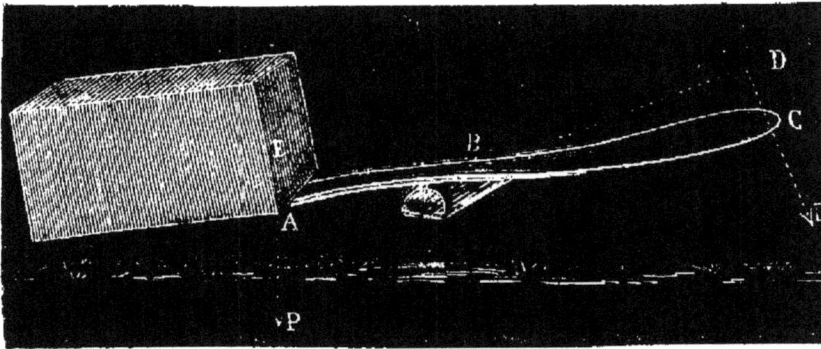

Fig. 1. — Levier du premier genre.

Le calcul montre et l'expérience vérifie que *la puissance est capable de vaincre la résistance, si ces deux forces sont en raison inverse de leurs bras de levier*, ce qui signifie que si BD, bras de levier de la puissance, est 2 fois, 3 fois, etc., plus grand que BE, bras de levier de la résistance, il suffit que la puissance soit 2 fois, 3 fois, etc., plus petite que la résistance.

Supposons que BD soit de 1 mètre et BE de 1 décimètre; l'effort qu'il suffira d'appliquer au levier au point C pour soulever la pierre sera le dixième du poids à soulever. Mais il est à remarquer que la hauteur dont le fardeau s'élèvera sera 10 fois moindre que celle dont le point C s'abaissera, de telle sorte que *ce que l'on gagne en force, on le perd en vitesse*.

D'ailleurs si, le point d'appui étant toujours en B, la puissance agissait à l'extrémité A du levier, et que la résistance fût à l'extrémité C, la puissance devrait être 10 fois plus grande que la résistance pour être capable de la vaincre. En revanche, le déplacement éprouvé par celle-ci serait 10 fois plus grand que le déplacement du point d'application de la puissance.

(¹) Lorsque le levier est une barre droite et qu'en même temps la direction de la puissance est parallèle à celle de la résistance, on peut prendre pour bras de levier les deux portions mêmes de la barre comprises entre le point d'appui et les points d'application des deux forces.

10. Le levier précédent, dans lequel le point d'appui est placé entre le point d'application de la puissance et celui de la résistance, est dit du *premier genre*. Les deux branches d'une *paire de ciseaux* représentent chacune un levier de ce genre.

On dit qu'un levier est du *second genre*, lorsque le point d'application de la résistance est placé entre le point d'appui et le point d'application de la puissance. La *brouette* représente un levier de ce genre, ainsi que l'*aviron* du rameur [1]. Un *casse-noix* est formé de la réunion de deux semblables leviers.

Enfin on appelle levier du *troisième genre* celui dans lequel le point d'application de la puissance est situé entre le point d'appui et le point d'application de la résistance. La plupart des os mobiles du squelette (286) sont des leviers de ce genre. La *pincette* de foyer résulte de la réunion de deux semblables leviers.

Le principe énoncé plus haut est, d'ailleurs, le même pour les trois genres de levier.

11. BALANCE ORDINAIRE. — L'organe principal de la balance ordinaire est un levier du premier genre à deux bras égaux, appelé *fléau*. Ce levier est suspendu par un point situé au milieu de sa longueur, et autour duquel il peut osciller librement. Ce point est d'ailleurs situé plus près du bord supérieur du fléau que du bord inférieur, de manière que, lorsque le fléau est abandonné à lui-même, il prend naturellement la position horizontale. Aux deux extrémités de ce fléau sont suspendus deux bassins de poids égaux. Si deux corps ayant le même poids sont placés dans les bassins, il n'y a pas de motif pour que le fléau cesse d'occuper la position horizontale. Mais, si l'un des corps pèse plus que l'autre, il fait abaisser le plateau qui le supporte, et le fléau se place dans une position inclinée. Une aiguille fixée au milieu du fléau, perpendiculairement à sa longueur, se déplace en même temps que lui et oscille de part et d'autre de la verticale pendant que le fléau oscille de part et d'autre de la position horizontale. On reconnaît que des poids placés dans les bassins sont égaux, lorsque l'aiguille se place en face d'un point de repère situé exactement au-dessus ou

(1) Le point d'appui de l'aviron est l'eau, et le point d'application de la résistance est la cheville contre laquelle l'aviron presse.

au-dessous du point de suspension du fléau. Alors, en effet, l'aiguille est verticale et le fléau est horizontal.

Avant de faire usage d'une balance, on doit s'assurer qu'elle est juste. Pour faire cette épreuve, on charge les bassins de deux fardeaux qui se fassent équilibre; on change ensuite ces fardeaux de bassin, et l'équilibre doit encore se maintenir. S'il ne se maintient pas, on en conclut que la balance est fausse.

QUESTIONNAIRE. — En quoi consiste un levier? — Qu'est-ce que la puissance? — Qu'entend-on par points d'application de la puissance et de la résistance? — Quelles sortes de services le levier peut-il rendre? — Qu'entend-on par bras de levier de la puissance et de la résistance? — Quel est le principe du levier? — Expliquez ce principe sur un exemple. — Quelle est la remarque importante à laquelle donne lieu la comparaison des espaces parcourus par les points d'application de la puissance et de la résistance? — Qu'entend-on par leviers du 1er genre, du 2e genre, du 3e genre? — Citez des instruments qui représentent des leviers de ces trois genres. — En quoi consiste la balance ordinaire? — Comment, avec son aide, s'assure-t-on que deux poids sont égaux? — Comment vérifie-t-on la justesse d'une balance?

II. — Équilibre des liquides. — Pressions qu'ils produisent (1).

12. PROPRIÉTÉS ESSENTIELLES DES LIQUIDES. — Nous avons vu (4) que les molécules des liquides n'ont que peu d'adhérence entre elles et qu'elles roulent facilement les unes sur les autres. C'est à cause de cette mobilité que *la pesanteur fait constamment prendre aux liquides la forme des vases qui les contiennent.*

L'expérience montre, en outre, que les liquides sont à peu près *incompressibles*, c'est-à-dire que, si grande que soit la pression qu'on leur fait subir, leur volume ne change pas d'une manière sensible.

(1) Nous comptons sur le professeur pour développer les principes qui suivent, les démontrer par l'expérience et en indiquer les importantes applications.

Nous verrons plus loin qu'un liquide peut varier de volume et même changer d'état, s'il vient à gagner ou à perdre de la chaleur.

13. TRANSMISSION DES PRESSIONS. — De la grande mobilité de leurs molécules résulte que *les liquides transmettent dans tous les sens les pressions qu'ils reçoivent.* Concevons un tuyau fermé par l'une de ses extrémités et plein d'eau; si l'on engage un piston dans l'autre extrémité et qu'on produise une poussée sur la colonne liquide, non seulement la pression sera communiquée à l'autre extrémité du tuyau, mais elle sera encore transmise dans tous les sens aux parois latérales. En outre, chaque portion de paroi égale en étendue à la base du piston supportera la pression même que reçoit le piston.

14. SURFACE LIBRE D'UN LIQUIDE EN REPOS. — *La surface libre d'un liquide en repos est toujours horizontale* (6), car les liquides tendant à s'écouler dans tous les sens sous l'action de la pesanteur, si une portion de la surface se trouvait momentanément soulevée, les molécules plus élevées que les autres rouleraient aussitôt sur celles-ci, et la surface redeviendrait horizontale.

15. VASES COMMUNIQUANTS. — Si des vases contenant un même liquide sont en communication par leur partie inférieure, *les surfaces du liquide dans ces vases s'établissent sur un même plan horizontal,* tout aussi bien que le font les différentes parties d'une même surface (fig. 2).

FIG. 2. — Vases communiquants.

16. VALEUR DE LA PRESSION EXERCÉE SUR LE FOND ET LES PAROIS DES VASES. — Les liquides étant pesants doivent produire des pressions sur le fond et sur les parois des vases qui les contiennent. La théorie montre et l'expérience confirme que la pression produite par un liquide sur le fond du vase qui le renferme est toujours égale *au poids d'une colonne de ce liquide, ayant pour base le fond du vase et ayant pour hauteur la hauteur du liquide dans le vase.* Cette pression est donc indépendante de la position des parois latérales. La pression produite sur les parois latérales est aussi indépendante de la position de ces parois et ne dépend absolument que de la hauteur du liquide dans le vase.

17. PRESSE HYDRAULIQUE. — La presse hydraulique (fig. 3) est un appareil dans lequel on utilise la propriété que possèdent les liqui-des de transmettre dans tous les sens les pres-sions qu'ils supportent. Cet instrument se com-pose de deux cylindres en fonte, contenant cha-cun un piston plein. L'un de ces cylindres, qui a un diamètre beau-coup plus petit que l'autre, est une sorte de pompe aspirante et fou-lante (35). Il est muni à sa partie inférieure

FIG. 3. — Presse hydraulique.

d'un tuyau d'aspiration qui plonge dans un réservoir d'eau, et d'un tuyau latéral qui met les deux cylindres en commu-nication. Le tuyau d'aspiration est muni d'une soupape s'ouvrant de bas en haut, et le tuyau latéral d'une autre soupape qui permet à l'eau du petit cylindre de passer dans le grand, mais qui s'oppose au retour de l'eau du grand cylindre dans le petit. Si l'on fait manœuvrer le piston du

petit cylindre, chaque fois que ce piston s'élève, l'eau monte
du réservoir dans le cylindre, et chaque fois que le piston
s'abaisse, cette eau est refoulée dans le grand cylindre, où
elle produit une pression contre la face inférieure du piston
qui y est contenu.

Supposons que la base du grand piston soit cent fois plus
grande que celle du petit; que, par exemple, la base du petit
piston ait un centimètre carré, et celle du grand piston
100 centimètres carrés. Si l'on exerce sur le petit piston une
pression de 50 kilogrammes, comme cette pression se transmet également dans tout le liquide, chaque centimètre carré
du grand piston supporte une pression de 50 kilogrammes.
La surface entière du grand piston supporte donc une pression totale de 100 fois 50 kilogrammes. Cette pression est
transmise, par l'intermédiaire de la tige du grand piston, aux
corps à presser ou aux fardeaux à soulever.

18. PRINCIPE D'ARCHIMÈDE. — Lorsqu'un corps est
plongé dans un liquide, il éprouve de la part de ce liquide
des pressions s'exerçant sur tous les points de sa surface.
Les physiciens ont reconnu que *l'effet produit sur le
corps par toutes ces pressions est le même que celui
que produirait une poussée unique, dirigée de bas en
haut, égale au poids du liquide déplacé.*

Comme cette poussée a pour effet de faire paraître le
corps moins lourd, on dit quelquefois que *tout corps
plongé dans un liquide perd une partie de son poids
égale au poids du liquide qu'il déplace.*

Il suit de là que, si un corps plongé dans un liquide
pèse plus que le liquide qu'il déplace, son poids dépas-
sant la poussée qu'il éprouve, il doit tomber au fond du
vase. Si, au contraire, le corps pèse moins que le liquide
déplacé, c'est la poussée qui l'emporte sur le poids du
corps; celui-ci doit donc s'élever et sortir en partie du
liquide jusqu'à ce qu'il ne déplace plus qu'un volume
de liquide dont le poids soit égal au sien.

Le principe d'Archimède s'applique aussi aux corps

plongés dans un gaz. Ainsi, un corps plongé dans l'air éprouve, de la part de cet élément, une poussée égale au poids de l'air qu'il déplace. Les gaz plus légers que l'air doivent donc s'y élever, comme les corps plus légers que l'eau s'élèvent dans l'eau. C'est ce qui explique l'ascension des ballons, gonflés avec un gaz plus léger que l'air.

QUESTIONNAIRE. — Pour quelle cause les liquides prennent-ils la forme des vases qui les contiennent? — Les liquides changent-ils de volume lorsqu'ils sont comprimés? — En quoi consiste le principe de la transmission des pressions? — Quelle est la forme de la surface libre d'un liquide en repos? — Enoncez le principe des vases communiquants. — Quelle est la pression qu'un liquide exerce sur le fond du vase qui le contient? — Cette pression dépend-elle de la forme du vase? — Le principe est-il le même si l'on considère la pression exercée sur les parois latérales? — En quoi consiste la presse hydraulique? — Donnez une idée de l'effort que l'on peut produire avec cette machine. — Donnez les deux énoncés dont est susceptible le principe d'Archimède. — Que se passe-t-il quand un corps plongé dans un liquide pèse autant, ou plus ou moins que le liquide qu'il déplace? — Lorsqu'un corps flotte sur un liquide, quel est le poids du liquide déplacé par la partie immergée? — Le principe d'Archimède ne s'applique-t-il qu'aux corps plongés dans les liquides? — Donnez l'explication de l'ascension des ballons.

III. — Poids spécifiques ou densités.

19. *On appelle* **poids spécifique** *et quelquefois* **densité** *d'un corps le poids d'un décimètre cube ou d'un litre de ce corps exprimé en kilogrammes ou fraction de kilogramme.*

Ainsi, quand on dit que le poids spécifique du plomb est 11, on veut dire que le poids d'un décimètre cube de plomb est de 11 kilogrammes. De même, quand on dit que le poids spécifique de l'huile d'olive est 0,915, on veut dire qu'un litre de cette huile pèse 0^k915 ou 915 grammes.

Comme un litre d'eau pèse 1 kilogramme, on voit, par

les deux exemples qui précèdent, que le plomb pèse onze fois plus que l'eau à volume égal et que l'huile pèse les 0,915 de l'eau. Voilà pourquoi on dit quelquefois que *le poids spécifique ou la densité d'un corps est le rapport du poids d'un volume quelconque de ce corps au poids du même volume d'eau.*

20. On peut obtenir la densité d'un corps solide de la manière suivante :

On pèse exactement un fragment de ce corps et l'on prend note du poids trouvé. Puis on place en même temps sur l'un des plateaux d'une balance ce même fragment et un flacon à large goulot exactement plein d'eau. Après avoir pesé le tout et pris note de ce nouveau poids, on enlève du plateau le corps et le flacon, et l'on introduit le premier dans le second : il s'échappe forcément du flacon un volume d'eau égal à celui du corps. On essuie alors le flacon, on le replace sur le plateau de la balance et l'on fait une troisième pesée ; la différence entre le résultat de cette pesée et celui de la précédente fait connaître le poids de l'eau qui est sortie du flacon. Comme le volume de cette eau est le même que celui du corps, en divisant le poids de celui-ci par le poids de cette eau, on obtient le rapport de l'un à l'autre, c'est-à-dire la *densité* du corps.

Pour obtenir la densité d'un liquide, on pèse successivement un flacon vide, puis ce même flacon plein de liquide, et enfin le même flacon plein d'eau. La différence entre les résultats de la première et de la seconde pesée donne le poids du liquide qui remplit le flacon, et la différence entre la troisième et la première donne le poids de la même quantité d'eau. En divisant le poids du liquide par celui de l'eau, on obtient la densité de ce liquide.

21. Habituellement, la densité des gaz est rapportée à l'air et non à l'eau. Ainsi, quand on dit que la densité de la vapeur d'eau est de 0,622, on entend qu'un volume quelconque de vapeur d'eau pèse 0,622 de ce que pèse le même volume d'air, pris à la même température et à la même pression.

22. ARÉOMÈTRES. — On appelle aréomètres de petits
instruments dont la construction est fondée sur le principe d'Archimède et qui ont diverses desti-
nations : les uns servent à déterminer les
densités des corps solides ou liquides ;
d'autres servent à trouver le rapport dans
lequel des liquides de nature différente ont
été mélangés ; d'autres enfin servent à
reconnaitre si une solution sucrée, saline,
acide, etc., est amenée à un état de concentration convenable.

Ces instruments sont en verre. Ils consistent en une boule ou un cylindre
creux (fig. 4), lesté inférieurement par
un corps lourd et surmonté d'une tige
graduée. Le lest a pour objet de faire
tenir l'instrument vertical quand on le
plonge dans un liquide.

Les principaux aréomètres sont : l'alcoomètre de Gay-Lussac, le pèse-lait et
les aréomètres de Baumé, vulgairement
appelés pèse-acides, pèse-sirops, pèse-sels.

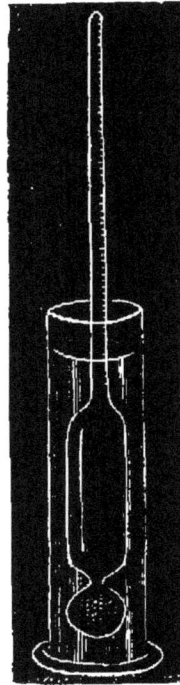

FIG. 4. Aréomètre.

23. L'ALCOOMÈTRE DE GAY-LUSSAC sert à reconnaitre
la proportion d'alcool qui entre dans une eau-de-vie.
Pour faire usage de cet instrument, on le plonge dans
l'eau-de-vie qu'on veut éprouver, et on lit le numéro de
la graduation qui affleure la surface du liquide. Ce
numéro indique la richesse de l'eau-de-vie en centièmes.
Si, par exemple, la surface du liquide correspond au
n° 60 de la graduation, on en conclut que l'eau-de-vie
contient les 60 centièmes de son volume en alcool pur [1].

(1) Les indications ainsi obtenues ne sont exactes que si l'on prend en
même temps la température du liquide avec un thermomètre, et que l'on
combine les indications des deux instruments. Des tables ont été construites
pour faciliter cette correction.

24. Le PÈSE-LAIT sert à reconnaître si un lait a été additionné d'eau. Il suffit de plonger l'instrument dans le lait que l'on veut éprouver et de lire l'indication écrite sur la tige au point où affleure la surface du liquide. Les indications ainsi fournies ne sont qu'approximatives, parce que tous les laits n'ont pas la même densité.

25. Les ARÉOMÈTRES DE BEAUMÉ ont tous la même graduation, quelle qu'en soit la destination. Ils ne donnent pas les densités des liquides dans lesquels on les plonge, non plus que les rapports dans lesquels sont mélangées les substances qui les composent; ils servent seulement à s'assurer si une dissolution, un sirop, etc., sont amenés au point de concentration convenable pour une opération déterminée. Si, par exemple, on sait qu'un sirop doit marquer à l'aréomètre de Baumé 35 degrés pour un usage auquel on le destine, on augmentera la quantité d'eau ou de sucre jusqu'à ce qu'on ait amené la dissolution à marquer 35 degrés.

QUESTIONNAIRE. — Qu'appelle-t-on poids spécifique ou densité d'un corps? — Qu'entend-on quand on dit que la densité du fer forgé est 7,788; — que celle de l'essence de térébenthine est 0,87? — Ne peut-on pas définir la densité d'un corps d'une autre manière? — Par quels procédés peut-on obtenir: 1° la densité d'un corps solide, 2° celle d'un corps liquide? — Quel est le terme habituel de comparaison pour la densité des gaz? — Qu'entend-on quand on dit que la densité de l'hydrogène est 0,0692? — Qu'appelle-t-on aréomètres? — Quels sont les principaux aréomètres et quels en sont les usages? — Le pèse-sirops, le pèse-sels et le pèse-acides sont-ils des instruments absolument différents?

IV. — Propriétés des gaz. — Manomètres.

26. PROPRIÉTÉS GÉNÉRALES DES GAZ. — Nous avons vu (4) que les gaz sont formés de molécules qui se repoussent incessamment, en sorte qu'un gaz tend toujours à occuper un plus grand espace. Il en résulte que les gaz ne manquent pas d'occuper la totalité de l'espace qui leur est offert et que, pour s'étendre davantage encore, ils produisent sur les parois des vases qui les contiennent une poussée que l'on appelle *tension* ou *force élastique*.

L'expérience montre que *la force élastique d'un gaz est en raison inverse du volume qu'il occupe;* c'est-à-dire que, si l'on comprime un gaz de manière à lui faire occuper un voume deux fois, trois fois moindre, sa force élastique devient deux fois, trois fois plus grande. Cette loi se nomme *loi de Mariotte*.

Un gaz ne peut, d'ailleurs, être comprimé indéfiniment. Si l'on soumet, en effet, un gaz à des pressions graduellement croissantes, i diminue de volume jusqu'à une limite à partir de laquelle 1 passe à l'état liquide. Cette limite dépend de la nature du gaz, ainsi que de la température qu'il possède.

Les gaz, quoique invisibles le plus souvent, sont formés de particules matérielles et sont pesants. Mais leurs densités sont de beaucoup inférieures à celles des solides et des liquides.

De même que les liquides, les gaz transmettent dans tous les ens les pressions qu'ils reçoivent et exercent sur les cps qu'ils entourent une poussée dirigée de bas en haut, gale au poids du gaz déplacé (18).

Nous verrons plus loin (40) que les gaz sont dilatables par la cheur, comme les solides et les liquides.

27. MAOMÈTRES. — Les manomètres sont des instruments qui serv à mesurer la force élastique des gaz. Le plus employé es manomètres est celui de *Bourdon* (fig. 5). Cet instrume se compose d'un tube en laiton aplati et recourbé, dont l'un des extrémités, qui est ouverte, est en communication ac le récipient renfermant le gaz dont on veut mesurer tension. L'autre extrémité est fermée et se termine pa une aiguille. Sous l'effet de la pression du gaz, le tube se déroule plus ou moins et son extrémité fermée se déplace dans un sens ou dans l'autre, en entraînant l'aiguille avec elle. Les déplacements de l'aiguille sont mesurés sur un cadran devant lequel elle se meut. Ce cadran est gradué de manière à faire connaître, pour chaque position de l'aiguille, la pression du gaz. Habituellement, cette pression est exprimée en kilogrammes par centimètre carré, en sorte que, suivant que l'aiguille s'arrête sur les chiffres 2, 3, 4, etc., on reconnaît que le gaz exerce sur chaque

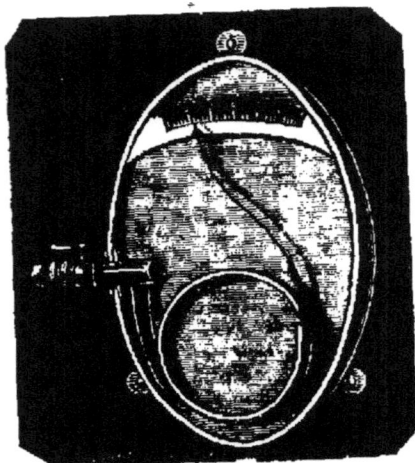

FIG. 5. — Manomètre.

centimètre carré une pression de 2, 3, 4 kilogrammes.

QUESTIONNAIRE. — Qu'appelle-t-on force élastique ou tension d'un gaz? — Énoncez la loi de Mariotte. — Un gaz peut-il être comprimé indéfiniment? — Les gaz sont-ils pesants? — Quelles sont les propriétés qui leur sont communes avec les liquides? — Qu'appelle-t-on manomètres? — Décrivez le manomètre le plus usité.

V. — Pression atmosphérique.

28. DE L'AIR. — L'air est le gaz qui constitue l'enveloppe appelée *atmosphère* dont la terre est entourée de toutes parts. L'épaisseur de l'atmosphère n'est pas connue. Cependant, on admet qu'elle n'est pas moindre de 90 kilomètres.

L'air est pesant; un litre de ce gaz pèse environ 1gr,3.

Puisque l'air est pesant, il doit exercer par son poids une pression sur tous les corps qui sont à la surface de la terre. C'est ce que l'on appelle *pression atosphérique*. D'ailleurs, les pressions étant transmises par les gaz dans tous les sens, ce n'est pas seulement en haut en bas que se produit la pression atmosphérique; c'est aussi de bas en haut et latéralement.

29. BAROMÈTRE. — On donne le nom de *baromètres* aux instruments qui servent à mesurer la pression atmosphérique. Le baromètre le plus simple est le *baromètre à cuvette* (fig. 6). Pour construire cet instrument, on prend un tube de verre d'environ 0ᵐ85 de longueur, ouvert par un bout et fermé par l'autre. On le remplit de mercure, puis on pose le doigt sur l'extrémité ouverte et on le retourne en faisant plonger cette extrémité dans une cuvette remplie de mercure. On retire ensuite le doigt; le mercure descend alors dans le tube, mais il s'arrête à une hauteur de 0ᵐ76 environ, ce qui est dû à la pression que l'air exerce sur la surface du mercure dans la cuvette. Pour mesurer la hauteur du mercure dans le tube, on l'applique contre une échelle graduée dont le zéro correspond avec le niveau du mercure dans la cuvette.

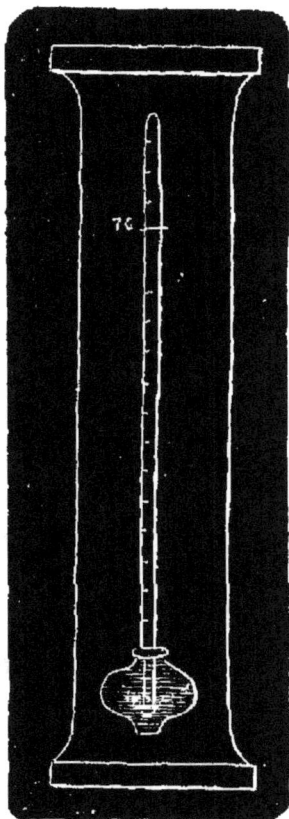

FIG. 6.
Baromètre à cuvette.

On dit que la pression atmosphérique est de 75, de 76, de 77 centimètres, etc., selon qu'elle soutient dans le baromètre une colonne de 75, de 76, de 77 centimètres, etc. Au niveau de la mer, la pression atmosphérique est en moyenne de 76 centimètres. Elle diminue de plus en plus pour les lieux de plus en plus élevés.

Habituellement, la pression atmosphérique augmente à l'approche du beau temps et diminue à l'approche du mauvais temps; en sorte qu'en observant les mouvements de la colonne barométrique, on peut, jusqu'à un certain point, prévoir les changements du temps. Cependant les indications ainsi fournies par le baromètre ne sont pas toujours exactes et doivent laisser du doute sur l'état prochain de l'atmosphère.

30. On fait actuellement un grand usage de *baromètres métalliques* ou *baromètres anéroïdes*, instruments dont l'organe principal consiste en une boîte métallique dans l'intérieur de laquelle on a fait le vide, et dont la paroi s'affaisse plus ou moins, suivant l'intensité de la pression atmosphérique : les mouvements de cette paroi se communiquent à une aiguille qui se déplace sur un cadran gradué.

31. Pression de l'atmosphère sur une surface donnée. — On peut trouver la pression que l'air exerce sur une surface donnée, quand on connaît la hauteur barométrique. Supposons que l'on désire connaître la pression exercée sur une étendue d'un centimètre carré, quand la hauteur barométrique est 76 centimètres. Cette pression est égale au poids d'une colonne de mercure ayant un centimètre carré de base et 76 centimètres de hauteur. Or, une pareille colonne aurait 76 centimètres cubes de volume; et comme un centimètre cube de mercure pèse 13^{gr}6, elle pèserait donc 13^{gr}6 × 76 = 1033^{gr}6. Ainsi la pression cherchée est d'environ 1 kilog. 33 gr.

QUESTIONNAIRE. — Qu'est-ce que l'air ? — Quel est le poids d'un litre d'air ? — Quelle est l'épaisseur présumée de l'atmosphère ? — Qu'appelle-t-on pression atmosphérique ? — Avec quel instrument mesure-t-on la pression atmosphérique ? — Comment construit-on le baromètre à cuvette ? — Quelle est la pression atmosphérique moyenne au niveau de la mer ? — Comment cette pression varie-t-elle pour les lieux de plus en plus élevés ? — Comment varie-t-elle habituellement à l'approche du beau temps ou du mauvais temps ? — Donnez une idée du baromètre anéroïde. — Calculer la pression que l'air exerce sur un centimètre carré, lorsque la hauteur barométrique est de 76 centimètres.

VI. — Pompes. — Siphon.

32. Les pompes sont des machines au moyen desquelles on élève les liquides en utilisant le plus souvent la pression atmosphérique. On en distingue trois sortes principales : la pompe *aspirante,* la pompe *foulante* et la pompe *aspirante et foulante.*

33. Pompe aspirante. — Cette pompe se compose d'un cylindre appelé *corps de pompe* (fig. 7), dans lequel se meut un piston traversé par un canal que ferme une soupape. A la partie inférieure du corps de pompe s'ouvre un tuyau d'un petit diamètre qu'on appelle *tuyau d'aspiration.* L'ouverture de ce tuyau dans le corps de pompe est fermée par une soupape s'ouvrant, comme celle du piston, de bas en haut. Le tuyau d'aspiration plonge, par son extrémité inférieure, dans le liquide qu'il s'agit d'élever.

Lorsqu'on soulève le piston, le vide tend à se faire au-dessous de lui; alors l'air contenu dans le tuyau d'aspiration soulève, par sa force élastique, la soupape de ce tuyau, et se répand en partie dans le corps de pompe. L'espace occupé par cet air devient ainsi plus grand; par conséquent, sa tension diminue et ne fait plus équilibre

Fig. 7. — Pompe aspirante.

à la pression atmosphérique qui s'exerce à la surface de l'eau. Celle-ci, poussée par cette pression, doit donc s'élever dans le tuyau d'aspiration. Quand le piston, arrivé au point le plus haut de sa course, s'arrête, l'eau cesse de s'élever dans le tuyau d'aspiration; la soupape qui est à l'orifice de ce tuyau s'abat, et l'eau y reste suspendue comme le mercure reste suspendu dans le baromètre.

Lorsque le piston descend, l'air compris entre le piston et le fond du corps de pompe étant de plus en plus pressé, finit par acquérir une force élastique supérieure à la pression atmosphérique; cet air soulève la soupape du piston et s'échappe dans l'atmosphère.

Quand le piston remonte, il se produit les mêmes effets que précédemment, et une nouvelle quantité d'eau monte du réservoir dans le tuyau d'aspiration. Après quelques coups de piston, l'eau atteint la soupape du tuyau d'aspiration et passe dans le corps de pompe. Dès lors, le piston, redescendant, comprime cette eau; celle-ci soulève la soupape du piston et passe au-dessus. La même chose se reproduisant à chaque coup de piston, l'eau s'élève de plus en plus au-dessus du piston, jusqu'à ce qu'elle rencontre un tuyau latéral par lequel elle s'écoule.

Dans cette pompe, la soupape du tuyau d'aspiration doit être à moins de 10 mètres au-dessus du niveau de l'eau à élever, car la pression atmosphérique ne peut soutenir une colonne d'eau de plus de 10 mètres de hauteur; en sorte que, si la soupape du tuyau d'aspiration était à plus de 10 mètres au-dessus du niveau de l'eau, celle-ci ne pourrait l'atteindre et passer dans le corps de pompe. Dans la pratique, on ne donne pas au tuyau d'aspiration plus de 8 mètres.

34. POMPE FOULANTE. — La pompe foulante (fig. 8) se compose d'un corps de pompe dans lequel se meut un piston plein, c'est-à-dire non percé d'un canal comme celui de la pompe aspirante. La partie inférieure de ce corps de pompe plonge dans le réservoir d'où l'on puise l'eau, et est percée d'une ouverture munie d'une soupape qui s'ouvre de bas en haut. Le bas du corps de pompe communique, en outre, avec un tuyau latéral appelé *tuyau d'ascension*, et, à l'ouverture de ce tuyau, dans le corps de pompe, se trouve une soupape s'ouvrant dans son intérieur. Chaque fois que le piston s'élève, il s'introduit de l'eau du réservoir dans le corps de pompe, et chaque fois qu'il s'abaisse, cette eau est refoulée dans le tuyau d'ascension, qui la conduit où l'on désire l'amener.

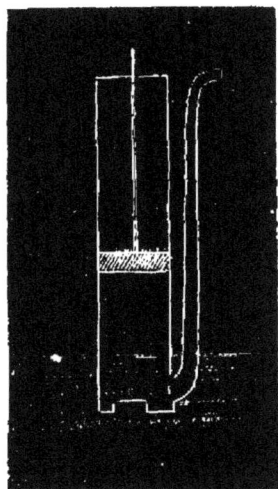

Fig. 8.
Pompe foulante.

35. POMPE ASPIRANTE ET FOULANTE. — Cette pompe (fig. 9) ne diffère de la pompe foulante qu'en ce qu'elle présente un tuyau d'aspiration. Le jeu de cette pompe, lorsque le piston s'élève, est le même que celui de la pompe aspirante, et lorsque le piston descend, il est le même que celui de la pompe foulante.

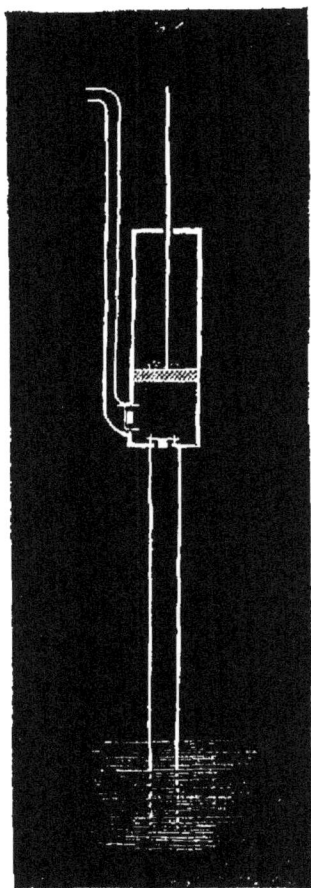

Fig. 9.
Pompe aspirante et foulante.

36. Pompe a incendie. — La pompe à incendie (fig. 10) se compose de deux pompes foulantes disposées dans une caisse que l'on remplit d'eau. L'eau

Fig. 10. — Pompe à incendie.

est refoulée par les pompes dans un réservoir plein d'air et comprime cet air de plus en plus; celui-ci, par sa force

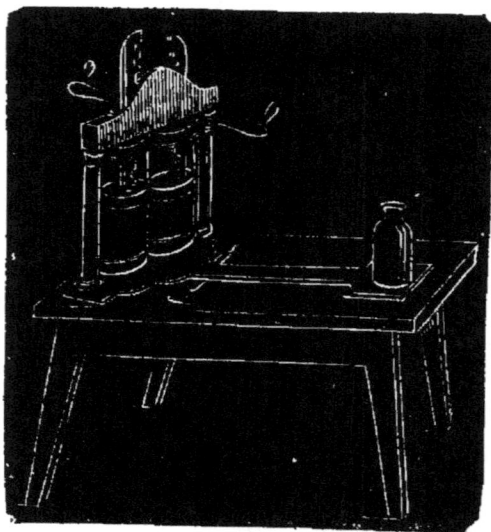

Fig. 11. — Machine pneumatique.

élastique, réagit sur le liquide et le force à s'élancer dans un tuyau qui s'ouvre au fond du réservoir.

37. Machine pneumatique. — La machine pneumatique (fig. 11) se compose de deux pompes aspirantes dont les tuyaux d'aspiration se réunissent en un seul, et qui enlèvent, par l'intermédiaire de ce tuyau d'aspiration, l'air d'une cloche ou d'un récipient quelconque. Le jeu de cette machine s'explique comme celui des pompes aspirantes.

38. Siphon. — Le siphon (fig. 12) est un instrument qui sert à transvaser les liquides. Il consiste en un tube recourbé à branches inégales ; la branche la plus courte plonge dans le liquide à transvaser. Pour faire fonctionner l'instrument, on *l'amorce*, c'est-à-dire on applique la bouche à l'extrémité de la grande branche et l'on aspire l'air intérieur. Aussitôt le liquide, pressé par l'atmosphère, s'élève par la petite branche et remplit tout le tube. Si alors on l'abandonne à lui-même, il s'écoule par la grande branche et l'écoulement se continue tant que le niveau du liquide dans le vase est supérieur à l'orifice de la grande branche.

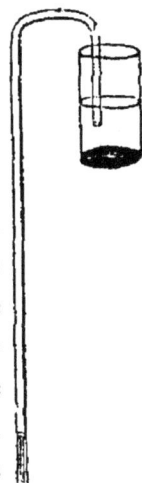

FIG. 12. Siphon

En effet, les colonnes liquides qui remplissent les deux branches du siphon ne peuvent se séparer au sommet du tube pour s'écouler chacune de leur côté, à cause de la pression atmosphérique qui tend à les refouler l'une et l'autre de bas en haut. Mais la colonne qui remplit la grande branche oppose. à la pression atmosphérique plus de résistance que celle qui remplit la petite. Ces deux colonnes liquides sont donc dans les mêmes conditions que deux poids inégaux qui seraient suspendus aux deux extrémités d'un cordon mobile : le plus grand l'emporterait sur l'autre. Par la même raison, un mouvement doit s'établir dans le siphon de la petite branche vers la grande.

QUESTIONNAIRE. — Qu'appelle-t-on pompes? — Combien y a-t-il de sortes principales de pompes? — En quoi consiste la pompe aspirante? — Expliquez-en le jeu? — Quelle est la hauteur que ne doit pas dépasser le tuyau d'aspiration? — Décrivez la pompe foulante? — Décrivez la pompe aspirante et foulante? — En quoi consiste la pompe à incendie? — Qu'est-ce que la machine pneumatique? — En quoi consiste le siphon? — Comment le siphon doit-il être disposé pour pouvoir fonctionner?

CHALEUR

I. — Dilatation des corps par la chaleur. Thermomètre.

39. EFFETS PHYSIQUES DE LA CHALEUR. — La chaleur produit sur les corps deux effets physiques principaux : 1° elle les fait dilater ; 2° elle les fait changer d'état. Nous étudierons les changements d'état dans le chapitre suivant.

40. DILATATIONS. — Tous les corps soumis à l'action de la chaleur se dilatent, c'est-à-dire augmentent de volume ; les corps solides se dilatent moins que les liquides, et ceux-ci moins que les gaz. L'eau, parmi les liquides, présente cette particularité que, si on la prend à la température de fusion de la glace et qu'on la chauffe lentement, elle commence par se contracter au lieu de se dilater, jusqu'à ce que sa température atteigne 4 degrés ; ensuite elle se dilate.

41. La dilatation des liquides par la chaleur explique le mouvement qui se produit dans une masse liquide chauffée par sa partie inférieure. Si l'on met un vase plein d'eau sur le feu, la partie du liquide qui est au fond du vase étant la première échauffée, se dilate. Sa densité diminue donc, puisque ses molécules s'écartant les unes des autres, il y en a moins sous un même volume ; dès lors cette eau doit s'élever à la surface comme le ferait du liège. — On explique de la même manière l'ascension de l'air et des gaz chauds dans l'atmosphère.

42. Les vents, du moins ceux qui se produisent régulièrement, sont dus à la dilatation qu'éprouve l'air en contact avec le sol des régions échauffées par le soleil. Cet air dilaté s'élevant au sein de l'atmosphère, doit être remplacé par l'air plus froid et plus dense venant des régions voisines.

C'est à un effet de ce genre que sont dues les *brises de mer* et *de terre* qui se produisent régulièrement sur les côtes quand le temps est calme. Pendant le jour, la terre s'échauffant plus que la mer, il y a transport d'air de la mer vers la terre : c'est la *brise de mer*. Pendant la nuit, la mer se refroidissant moins que la terre, il se produit un courant d'air de sens contraire, c'est-à-dire de la terre vers la mer : c'est la *brise de terre*.

43. DU THERMOMÈTRE. — Le thermomètre est un instrument qui sert à mesurer la température des corps; c'est-à-dire leur degré d'échauffement. Cet instrument se compose d'un réservoir en verre surmonté d'un tube gradué très fin (fig. 13). Le réservoir et une partie du tube sont remplis de mercure ou d'alcool coloré. Pour obtenir la graduation, on plonge l'instrument dans de la glace fondante; le mercure s'abaisse dans le tube jusqu'à un point où l'on marque zéro. On l'expose ensuite à la vapeur de l'eau bouillante; le liquide monte dans le tube, et l'on marque 100 au point où il s'arrête. On divise alors l'intervalle compris entre zéro et 100 en cent parties égales que l'on appelle *degrés*, et l'on poursuit la graduation en portant au-dessus de 100 et au-dessous de zéro des parties égales aux précédentes.

Le thermomètre ainsi gradué est appelé *thermomètre centigrade*. On donne le nom de *thermomètre Réaumur* à celui dans

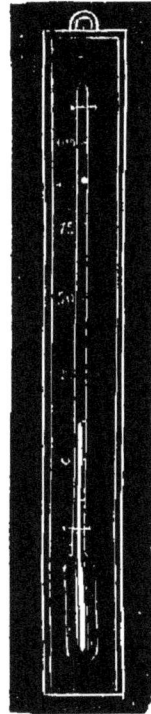

FIG. 13.
Thermomètre
centigrade.

lequel la température de l'eau bouillante est marquée 80, celle de la glace fondante étant toujours marquée zéro.

44. UNITÉ DE CHALEUR. — Les physiciens et les industriels ont fréquemment besoin de mesurer les quantités de chaleur produites ou absorbées dans certaines circonstances. Pour y parvenir, on a dû préalablement adopter une unité. Cette unité, appelée *calorie*, est la quantité de chaleur qu'absorbe un kilogramme d'eau en s'échauffant d'un degré.

QUESTIONNAIRE. — Quels sont les principaux effets physiques de la chaleur sur les corps? — En quoi consiste, en particulier, le phénomène de la dilatation? — Quelle particularité présente l'eau échauffée progressivement à partir de la température de fusion de la glace? — Comment explique-t-on le mouvement qui se produit dans une masse liquide chauffée par sa partie inférieure? — Comment explique-t-on l'ascension de l'air chaud et des gaz chauds dans l'atmosphère? — Quelle est la cause habituelle des vents? — Donnez l'explication des brises de mer et de terre. — En quoi consiste le thermomètre? — Qu'appelle-t-on thermomètre centigrade et thermomètre Réaumur? — Quelle est l'unité adoptée dans les questions relatives à la mesure de la chaleur?

II. — Changements d'état des corps.

45. Outre les variations de volume qu'éprouvent les corps qui gagnent ou perdent de la chaleur, ils peuvent encore *changer d'état*, c'est-à-dire passer de l'état solide à l'état liquide, de l'état liquide à l'état gazeux, ou *vice versa*.

46. FUSION. — On appelle *fusion* le passage d'un corps de l'état solide à l'état liquide par l'action de la chaleur.

Presque tous les corps solides peuvent être fondus par la chaleur. Cependant, le charbon et quelques autres corps n'ont pu encore subir ce changement d'état. Les substances qui, comme le bois, se décomposent par la chaleur, ne peuvent non plus se fondre.

Lorsqu'un corps solide entre en fusion, sa température reste la même pendant tout le temps de la fusion. Ainsi, si l'on met sur le feu un vase contenant de la glace ou de la neige, la température de cette glace ou de cette neige, ainsi que celle de l'eau qui en résulte, reste à zéro jusqu'à ce que la fusion soit complète.

On appelle *chaleur de fusion* la chaleur qu'absorbe ainsi un corps solide pour se fondre sans s'échauffer. L'expérience a montré que la chaleur absorbée par un kilogramme de glace en fondant est de 79 unités de chaleur (44). Par conséquent, cette chaleur serait capable d'élever la température d'un kilogramme d'eau de zéro à 79 degrés, ou bien serait capable d'élever de zéro à 1 degré la température de 79 kilogrammes d'eau.

47. DISSOLUTION. — A la fusion peut se rapporter la *dissolution*, phénomène qui consiste dans la liquéfaction d'un corps solide par son contact avec un liquide. C'est ainsi que le sucre, le sel, se dissolvent dans l'eau, c'est-à-dire se liquéfient quand on les met dans l'eau, et se mêlent avec ce liquide; que les corps gras se dissolvent dans l'alcool, le charbon dans la fonte de fer, etc.

La dissolution d'un corps solide exige, comme la fusion, que ce corps absorbe de la chaleur, et si cette chaleur n'est par fournie par un foyer, le corps la prend au liquide même dans lequel il se dissout. C'est pourquoi la dissolution de la plupart des corps est accompagnée d'un abaissement de température.

On utilise ce phénomène pour obtenir des *mélanges réfrigérants*. On appelle ainsi des mélanges effectués en vue de produire un froid artificiel. Un mélange réfrigérant facile à obtenir est celui d'*azotate d'ammoniaque* et d'*eau* en parties égales, ou encore celui de *glace* et de *sel ordinaire*, aussi en parties égales. Ce dernier mélange présente cette particularité que les deux corps mélangés se liquéfient l'un et l'autre, en sorte qu'il y a absorption de chaleur aussi bien par l'un que par l'autre.

48. SOLIDIFICATION. — La solidification est le passage d'un corps de l'état liquide à l'état solide. Lorsqu'un corps liquide se solidifie, il abandonne sa chaleur de fusion (46). Ainsi un kilogramme d'eau, en se congelant, abandonne 79 unités de chaleur.

La plupart des corps liquides se contractent en se solidifiant, c'est-à-dire diminuent de volume; cependant l'eau et quelques autres liquides se dilatent.

Il y a des liquides que l'on n'a pu encore solidifier : tel est l'alcool.

49. VAPORISATION. — On donne le nom de vaporisation au passage d'un corps de l'état liquide à l'état gazeux. Le gaz qui en résulte s'appelle *vapeur.*

Ce changement d'état peut se produire : 1° par *ébullition;* 2° par *évaporation.*

50. La vaporisation prend le nom d'*ébullition* lorsque la vapeur se forme dans l'intérieur de la masse du liquide et s'élève à la surface sous la forme de bulles plus ou moins volumineuses.

La température à laquelle un liquide bout dépend de la pression qui s'exerce à la surface de ce liquide. En général, plus la pression est forte, plus la température d'ébullition est élevée. Ainsi l'eau, sous la pression atmosphérique, bout à 100 degrés; sous la pression de deux atmosphères, elle bout à 121 degrés, tandis que, dans le vide, elle peut bouillir à zéro.

La température d'un liquide en ébullition reste constante pendant tout le temps que dure l'ébullition, du moins si la pression que supporte le liquide ne change pas. La chaleur que reçoit ce liquide est alors uniquement employée à le faire changer d'état sans l'échauffer.

On trouve, par l'expérience, qu'un kilogramme d'eau à 100 degrés exige ainsi, pour se réduire totalement en vapeur, 537 unités de chaleur. Cette chaleur se nomme *chaleur de vaporisation.*

51. La vaporisation d'un liquide s'appelle *évaporation* lorsque la formation des vapeurs se fait lentement et seulement par la face supérieure du liquide.

L'évaporation peut se produire à toutes les températures; cependant, elle est bien plus rapide si la température est élevée. Ainsi, un linge humide exposé au feu ou au soleil sèche rapidement, parce que la chaleur du feu ou du soleil active l'évaporation de l'eau qui le mouille.

L'évaporation d'un liquide est une cause de refroidissement, parce que la vapeur, pour se former, a besoin d'absorber de la chaleur; cette chaleur est prise au vase qui contient le liquide ou à la portion du liquide qui ne se vaporise pas. Quand on expose à l'air la main mouillée, on sent une impression de froid due à la chaleur que prend, pour s'évaporer, l'eau qui mouille la main.

52. CONDENSATION. — La condensation est le passage d'un corps de l'état gazeux à l'état liquide. On peut produire ce changement d'état soit en refroidissant les gaz, soit en les comprimant. Cependant, il y a des gaz auxquels on n'a pu faire subir ce changement d'état qu'avec des difficultés extrêmes; tels sont l'oxygène, l'hydrogène, l'azote.

La condensation de la vapeur d'eau contenue dans l'air se fait spontanément au contact d'un corps froid. Ainsi, en été, on voit un dépôt de rosée se former sur une carafe remplie d'eau fraîche. La rosée que l'on observe sur les plantes, le matin, est aussi due à la condensation de la vapeur d'eau contenue dans les couches d'air qui se trouvent en contact avec les plantes. Lorsqu'un gaz se condense, il abandonne sa chaleur de vaporisation (50); en sorte qu'on peut chauffer de l'eau froide en y faisant condenser de la vapeur d'eau. C'est le procédé que l'on emploie fréquemment pour échauffer de grandes masses d'eau.

QUESTIONNAIRE. — Qu'entend-on par fusion d'un corps solide? — Tous les corps solides peuvent-ils se fondre? — Quel est le phénomène remarquable que présente la température d'un corps en fusion? — Qu'appelle-t-on chaleur de fusion d'un corps? — Quelle est la chaleur de fusion de la glace? — Qu'appelle-t-on solidification? — Les corps liquides qui se solidifient ne dégagent-ils pas de la chaleur? — Ne changent-ils pas de volume? — Tous les liquides peuvent-ils être solidifiés? — Qu'appelle-t-on vaporisation? — Quand donne-t-on à ce changement d'état le nom d'ébullition? — Quelle est l'influence de la pression sur la température de l'ébullition d'un liquide? — Quel est le phénomène remarquable que présente la température d'un liquide en ébullition? — Qu'appelle-t-on chaleur de vaporisation d'un liquide? — Quelle est la chaleur de vaporisation de l'eau? — Quand la vaporisation d'un liquide prend-elle le nom d'évaporation? — Quelle est l'influence de la température sur la rapidité de l'évaporation d'un liquide? — Pourquoi l'évaporation d'un liquide est-elle une cause de refroidissement? — Qu'appelle-t-on condensation? — Comment peut-on déterminer la condensation d'un gaz? — Tous les gaz ont-ils pu être condensés? — Citez des faits de condensation spontanée de la vapeur d'eau? — Les gaz qui se condensent n'abandonnent-ils pas de la chaleur? — Quel procédé peut-on employer pour échauffer de grandes masses d'eau?

III. — Propriétés diverses de la chaleur.

53. CHALEUR RAYONNANTE. — Tous les corps tendent à se refroidir, c'est-à-dire à perdre de la chaleur. S'ils ne recevaient pas de chaleur du soleil ou des corps environnants, leur température s'abaisserait de plus en plus. On appelle *chaleur rayonnante* la chaleur qui émane ainsi de tous les corps. La glace émet de la chaleur tout aussi bien qu'une barre de fer rougie; seulement, elle en émet moins.

On dit qu'un corps a un *pouvoir rayonnant* plus grand qu'un autre lorsque, à température égale, il émet plus de chaleur que cet autre et, par suite, se refroidit plus vite. En général, les corps dont la surface est noire et dépolie se refroidissent plus vite que ceux dont la surface est blanche et polie. Le noir de fumée a un grand pouvoir rayonnant; les métaux ont, au contraire, un faible pouvoir rayonnant; mais, s'ils sont recouverts de noir de fumée, ils ont le même pouvoir rayonnant que ce dernier corps.

54. Pouvoir absorbant. — Tous les corps peuvent s'échauffer en absorbant la chaleur rayonnée par les autres corps. Cette propriété se nomme *pouvoir absorbant*. Par l'expérience, on a reconnu que les corps qui ont un grand pouvoir rayonnant ont aussi un grand pouvoir absorbant, c'est-à-dire que ceux qui se refroidissent vite, s'échauffent aussi vite; tels sont les corps recouverts de noir de fumée. On fait donc chauffer de l'eau dans un vase noirci plus rapidement que dans un vase blanc et poli; mais, en revanche, elle s'y refroidit plus vite.

55. Réflexion de la chaleur. — La chaleur peut, comme la lumière, être réfléchie, c'est-à-dire être renvoyée par la surface des corps sur lesquels elle tombe. On appelle *pouvoir réflecteur* la propriété que possèdent les corps de renvoyer une partie de la chaleur qui tombe sur leur surface. Le pouvoir réflecteur d'un corps est d'autant plus grand que son pouvoir absorbant ou son pouvoir rayonnant est plus faible. Ce sont donc surtout les corps à surface blanche et polie qui ont un grand pouvoir réflecteur.

56. Pouvoir conducteur. — On appelle *pouvoir conducteur* la propriété qu'ont les corps de transmettre de proche en proche dans leur intérieur la chaleur communiquée à l'une de leurs parties. Les métaux conduisent bien la chaleur, tandis que le bois, le verre, la laine, la paille, les briques la conduisent mal. Les liquides et les gaz la conduisent mal aussi.

Les vêtements de laine conservent la chaleur du corps, parce que la laine, ayant un faible pouvoir conducteur, s'échauffe difficilement et ne transmet pas au dehors la chaleur intérieure.

QUESTIONNAIRE. — Tous les corps ne tendent-ils pas à se refroidir? — Qu'est-ce qui empêche la terre de se refroidir de plus en plus? — Qu'appelle-t-on chaleur rayonnante? — Quels sont les corps qui ont habituellement le plus grand pouvoir rayonnant? — Qu'appelle-t-on pouvoir absorbant? — Quels sont les corps qui ont le plus grand pouvoir absorbant? — Qu'appelle-t-on pouvoir réflecteur? — Quels sont les corps qui ont le plus grand pouvoir réflecteur? — Qu'appelle-t-on pouvoir conducteur? — Quels sont les corps qui ont un grand pouvoir conducteur? — Quels sont ceux qui ont un faible pouvoir conducteur? — Les liquides et les gaz conduisent-ils bien la chaleur? — Pourquoi les vêtements de laine conservent-ils la chaleur du corps?

IV. — Chauffage des appartements.

57. Les modes de chauffage des appartements les plus répandus sont le chauffage par les cheminées et le chauffage par les poêles. Le chauffage par les cheminées est le plus imparfait, parce que le courant d'air ascendant qui se produit dans le tuyau emporte la plus grande partie de la chaleur développée dans le foyer.

Les poêles sont plus efficaces et plus économiques que les cheminées. Mais, en revanche, consommant moins d'air que celles-ci, ils ne provoquent pas aussi bien le renouvellement de l'air dans l'intérieur des appartements. Ce renouvellement peut être utile quand il y a un grand nombre de personnes réunies dans une même pièce, et contribuant par leur respiration à en vicier l'atmosphère.

Pour chauffer les édifices, on emploie le chauffage par *l'air chaud*, ou par *circulation d'eau chaude*, ou par *circulation de vapeur d'eau*.

Le chauffage par l'air chaud consiste à échauffer de l'air dans la partie inférieure de l'édifice et à le conduire par des tuyaux dans les salles à chauffer.

Le chauffage par circulation d'eau chaude consiste à faire circuler de l'eau chaude par des tuyaux dans

l'épaisseur des murs ou sous les parquets des appartements à échauffer.

Le chauffage par la vapeur d'eau consiste à faire
circuler de la vapeur d'eau dans des tuyaux où elle se
condense en abandonnant sa chaleur de vaporisation.
Cette chaleur se communique aux différentes parties de
l'édifice à échauffer.

QUESTIONNAIRE. — Quels sont les principaux modes de chauffage
des appartements? — Le chauffage par les cheminées est-il aussi
efficace que le chauffage par les poêles? — Le chauffage par les
cheminées n'a-t-il pas un avantage? — Quels procédés emploie-t-on
pour chauffer les édifices?

V. — Nuages, pluie, neige, etc.

58. ORIGINE DE LA VAPEUR ATMOSPHÉRIQUE. — L'atmosphère est toujours plus ou moins chargée de vapeur
d'eau. Cette vapeur a pour origine l'évaporation con-
tinuelle qui se produit à la surface de la terre humide
ou sur les mers, les lacs et les rivières.

59. NUAGES ET BROUILLARDS. — Les nuages et les
brouillards sont formés de très fines gouttelettes d'eau qui
restent suspendues dans l'atmosphère. Les uns et les
autres se forment lorsque l'air est chargé d'humidité et
qu'il vient à se refroidir assez pour que la vapeur qu'il
contient se condense. Les brouillards ne diffèrent des
nuages qu'en ce qu'ils sont moins élevés.

60. PLUIE. — La pluie est due à la réunion en gouttes
des fines gouttelettes qui forment les nuages.

61. NEIGE. — La neige est le résultat de la congélation
de la vapeur d'eau dans les hautes régions de l'atmosphère. Pour qu'elle se forme, il faut que la température
de l'air soit à zéro ou au-dessous. Les parcelles de neige
ont ordinairement la forme d'étoiles à six rayons.

La neige, ayant un faible pouvoir conducteur, conserve

la chaleur de la terre qu'elle recouvre et préserve les plantes d'un refroidissement trop considérable.

62. Les sommets des hautes montagnes reçoivent, chaque année, des quantités de neige considérables, et, comme le soleil n'a pas assez de force pour en fondre la totalité pendant l'été, cette neige s'accumule et finit par se précipiter dans les vallées sous forme d'avalanches, ou bien sert d'aliment aux *glaciers*. On donne ce nom à des espèces de fleuves de glace qui occupent les hautes vallées des pays de montagnes et qui, avançant lentement suivant la pente du terrain, se renouvellent constamment par leur extrémité supérieure à mesure que leur extrémité inférieure fond sous l'influence de la température modérée qui règne dans les parties basses de ces vallées.

Les *névés* sont des masses d'eau congelée qui occupent une position intermédiaire entre les *champs de neige* des sommets élevés et les glaciers des vallées. La consistance de ces masses glacées tient le milieu entre la consistance de la neige et celle de la glace.

63. GRÊLE. — La grêle est formée, comme la neige, par l'eau de l'atmosphère congelée ; mais, au lieu d'avoir l'aspect de légers flocons, elle se présente sous la forme de fragments de glace compacts, quelquefois très volumineux.

64. VERGLAS. — Le verglas est une couche mince de glace qui se forme sur la surface de la terre lorsqu'il vient à pleuvoir et que la température du sol est assez basse pour congeler la pluie à mesure qu'elle tombe.

65. ROSÉE. — La rosée consiste en gouttelettes d'eau qui se déposent pendant la nuit sur les corps qui sont à la surface de la terre. Elle est due au refroidissement qu'éprouvent ces corps dès que le soleil cesse de leur envoyer de la chaleur. En se refroidissant, ces corps refroidissent les couches d'air qui les touchent, ainsi que la vapeur contenue dans cet air. La vapeur refroidie finit par se condenser et se dépose sous la forme de gouttelettes sur les corps froids.

Il se dépose peu de rosée sur les corps recouverts d'un abri, parce que la chaleur que rayonnent ces corps en se refroidissant, leur est en partie restituée par l'abri, lequel rayonne aussi de la chaleur.

Lorsque le ciel est couvert, les nuages forment un abri naturel à la terre, et la rosée est nulle ou presque nulle.

Le *givre* ou *gelée blanche* n'est autre chose que de la rosée congelée.

66. EFFET DU FROID SUR LES JEUNES PLANTES. — Un abaissement considérable de température peut avoir pour effet de faire périr les jeunes plantes et les bourgeons récemment développés. On dit alors que ces plantes ou ces bourgeons ont gelé. On peut s'opposer à cet effet funeste du froid en recouvrant les plantes d'un abri qui leur renvoie une partie de la chaleur qu'elles perdent.

Dans certains pays, on fait brûler dans ce but, au milieu des champs de vignes, des substances capables de donner une épaisse fumée. On produit ainsi des sortes de nuages artificiels qui constituent aux vignes un abri efficace.

QUESTIONNAIRE. — Quelle est l'origine de la vapeur d'eau répandue dans l'atmosphère? — Quelle est l'origine des nuages? — En quoi diffèrent-ils des brouillards? — Comment la pluie se forme-t-elle? — D'où vient la neige? — Quel est l'effet de la neige sur les plantes qu'elle recouvre? — Qu'appelle-t-on glaciers et névés? — En quoi consiste la grêle? — Qu'est-ce que le verglas? — Quand se forme-t-il? — En quoi consiste la rosée? — Comment se forme-t-elle? — Pourquoi se dépose-t-il peu de rosée sur les corps recouverts d'un abri? — Pourquoi s'en forme-t-il peu lorsque le ciel est couvert? — Comment peut-on préserver les plantes de la gelée? — Quel moyen les propriétaires de vignes emploient-ils dans ce but?

VI. — Machines à vapeur.

67. Les machines à vapeur sont des appareils qui utilisent la tension de la vapeur d'eau pour la transformer en travail mécanique.

La vapeur qui se forme dans une chaudière (fig. 14) se rend alternativement, au moyen de deux conduits, aux deux extrémités d'un cylindre où se meut un piston. Lorsque la vapeur s'introduit dans le bas du cylindre, elle presse contre le piston et le fait monter. Lorsque le piston est arrivé au plus haut point de sa course, la vapeur pénètre dans le haut du cylindre, et en même temps celle qui est au-dessous du piston s'échappe dans l'atmosphère ou bien passe dans un réservoir d'eau froide appelé *condenseur*, où elle se liquéfie; alors le piston, pressé par la vapeur qui est au-dessus, descend. Ensuite, la vapeur pénètre de nouveau dans le bas du cylindre, et celle qui est au-dessus du piston s'échappe; le piston remonte, et ainsi de suite.

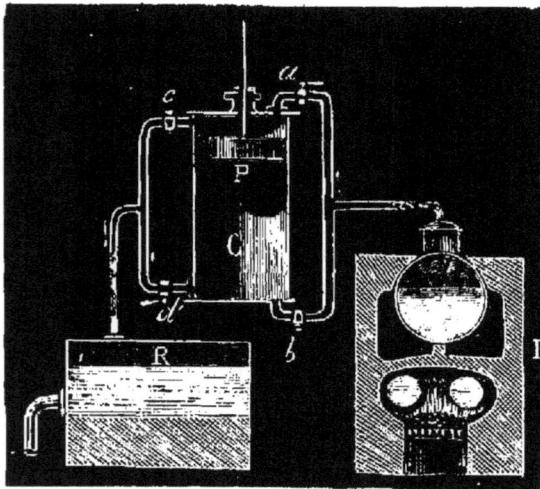

Fig. 14. — Principe de la machine à vapeur [1].

F. Foyer et chaudière.
C. Cylindre.
P. Piston.
R. Condenseur.
a, b. Robinets qui mettent alternativement les deux extrémités du cylindre en communication avec la chaudière.
c, d. Robinets qui, au moment voulu, mettent l'une ou l'autre des deux extrémités du cylindre en communication avec le condenseur.

Le mouvement du piston se communique aux divers organes de la machine par un mécanisme approprié.

68. Les principaux types de machines à vapeur em-

_____

[1] Cette figure, toute théorique, n'indique que le *principe* de la machine à vapeur. Dans les machines usuelles, la vapeur est distribuée au moyen d'un mécanisme ingénieux qui n'exige ni l'emploi de robinets, ni l'intervention du mécanicien.

ployées dans l'industrie sont : 1° les *machines fixes,* 2° les *machines marines,* 3° les *locomotives,* 4° les *locomobiles.*

Les premières sont fixées au sol d'une manière permanente; les machines marines servent dans la navigation; les locomotives servent à la traction des trains sur les chemins de fer. Quant aux locomobiles, ce sont des machines d'un faible poids montées sur des roues et pouvant être déplacées facilement suivant les besoins. On emploie ces dernières dans les chantiers temporaires, tels que ceux que l'on établit pour les travaux publics ou agricoles.

Peu de machines à vapeur sont pourvues de condenseur; le plus souvent la vapeur, après avoir agi sur le piston, se perd dans l'atmosphère.

69. On dit qu'une machine à vapeur est de la force de un, deux, trois *chevaux-vapeur,* etc., lorsqu'elle est capable d'élever en une seconde, à 1 mètre de hauteur, une fois, deux fois, trois fois, etc., 75 kilogrammes.

QUESTIONNAIRE. — Qu'est-ce que les machines à vapeur? — Expliquez comment se produit le mouvement de va-et-vient du piston dans le cylindre. — En quoi consiste le condenseur? — Toutes les machines en sont-elles pourvues? — Quels sont les principaux types de machines à vapeur? — Qu'appelle-t-on force d'un cheval-vapeur?

ÉLECTRICITÉ

I. — Phénomènes généraux.

70. On appelle électricité l'agent physique, inconnu dans sa nature, qui donne à certains corps récemment frottés la propriété d'attirer les objets légers. Que l'on frotte, par exemple, un bâton de verre ou de résine avec de la laine ou une peau de chat, et qu'on y présente, à une petite distance, des corps très légers tels que des fragments de papier ou des barbes de plumes, on voit ces petits corps se précipiter sur le bâton.

En outre, un corps fortement électrisé dégage une faible lumière visible dans l'obscurité, et, si l'on en approche le doigt, on en tire une étincelle.

71. Certains corps sont *bons conducteurs* de l'électricité, c'est-à-dire transmettent facilement dans toute leur étendue l'électricité qu'on leur communique; tels sont les métaux, l'eau, l'air humide, le charbon calciné. D'autres corps sont *mauvais conducteurs*, c'est-à-dire ne laissent pas l'électricité se déplacer sur leur surface; tels sont le verre, la résine, la soie, l'air sec.

Pour que les corps bons conducteurs, tels que les métaux, conservent l'électricité qu'on leur communique, il faut les *isoler*, c'est-à-dire les séparer de la terre par des corps mauvais conducteurs, tels que le verre, la soie, la résine; sans quoi leur électricité passe dans la terre, qu'on appelle le *réservoir commun* de l'électricité. Il faut aussi que les corps électrisés ne présentent que des surfaces arrondies, car les aspérités, les angles et les pointes laissent perdre facilement l'électricité.

72. L'étude des phénomènes électriques a conduit les physiciens à supposer deux sortes d'électricité: l'électricité *vitrée* ou *positive*, l'électricité *résineuse* ou *négative*.

L'électricité vitrée est celle qui se développe sur le verre lorsqu'on le frotte avec de la laine, et l'électricité résineuse est celle qui se développe sur la résine.

73. En général, lorsqu'on frotte deux corps l'un sur l'autre, il se produit toujours sur l'un d'eux de l'électricité positive et sur l'autre de l'électricité négative; seulement, ces corps ne conservent l'électricité acquise que s'ils sont mauvais conducteurs ou si, étant bons conducteurs, ils sont isolés du sol.

74. L'expérience montre que deux corps qui possèdent la même électricité se repoussent, tandis que si l'un possède l'électricité vitrée et l'autre l'électricité résineuse, ils s'attirent.

75. Quand les deux électricités se combinent, c'est-à-dire se réunissent sur un même corps, elles détruisent mutuellement leurs effets; on dit alors qu'elles se *neutralisent* ou qu'elles forment de l'*électricité neutre*.

QUESTIONNAIRE. — Qu'est-ce que l'électricité? — Qu'appelle-t-on corps bons conducteurs et mauvais conducteurs de l'électricité? — Citez des corps bons et mauvais conducteurs. — Par quel moyen peut-on obtenir qu'un corps bon conducteur conserve son électricité? — Combien y a-t-il de sortes d'électricité? — Tous les corps peuvent-ils s'électriser par le frottement? — Comment deux corps électrisés agissent-ils l'un sur l'autre : 1° lorsqu'ils ont la même électricité; 2° lorsqu'ils ont des électricités différentes? — Que produisent les deux électricités en se réunissant sur un même corps?

II. — Électricité par influence.

76. Lorsqu'un corps bon conducteur est placé dans le voisinage d'un corps électrisé, il s'électrise lui-même : la partie de ce corps la plus voisine du corps électrisé se charge de l'électricité de nature contraire à celle que possède celui-ci, et la partie la plus éloignée se charge de l'électricité de même nature. L'électricité ainsi développée dans le corps bon conducteur se nomme *électricité par influence*.

77. MACHINE ÉLECTRIQUE. — La machine électrique la plus répandue se compose d'un plateau en verre (fig. 15) que l'on fait tourner au moyen d'une manivelle, et qui frotte contre des coussins remplis de crins. — En regard de ce plateau sont deux cylindres en cuivre appelés *conducteurs*, qui sont supportés par des pieds en verre.

La partie des conducteurs voisine du plateau présente
des pointes dirigées vers celui-ci. Par son frottement
contre les coussins, le plateau se charge d'électricité
positive, et agit par influence sur les conducteurs : de
l'électricité négative et de l'électricité positive se développent sur ceux-ci ; mais l'électricité négative, attirée par

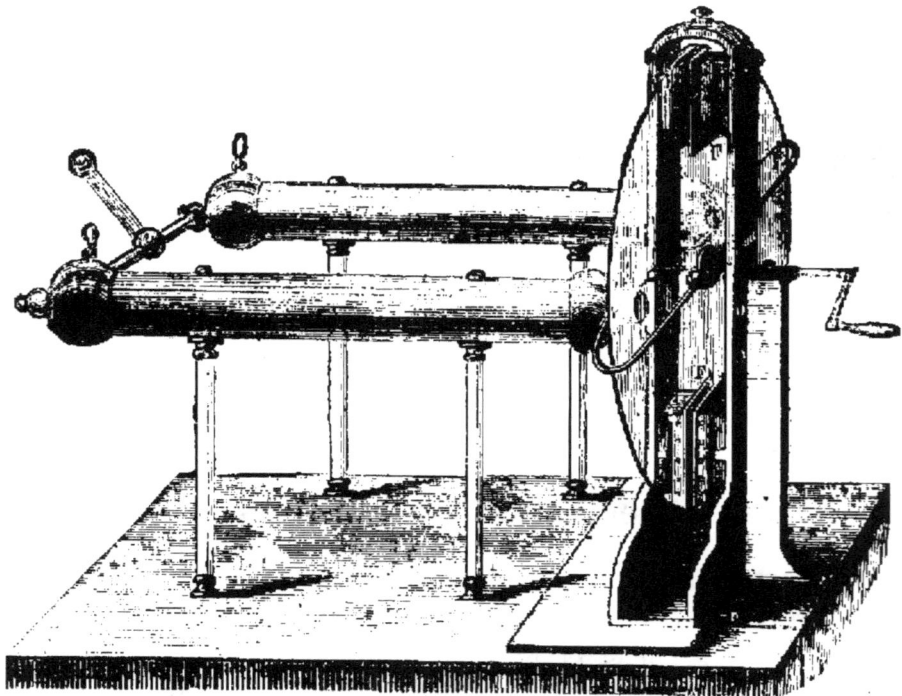

Fig. 13. — Machine électrique.

l'électricité positive du plateau, s'écoule vers celui-ci par
les pointes, en sorte que les conducteurs restent chargés
d'électricité positive.

Si une personne, montée sur un tabouret à pieds de
verre, pose la main sur l'un des conducteurs de la
machine électrique, elle s'électrise comme le conducteur,
et l'on peut tirer des étincelles de toutes les parties de
son corps.

L'étincelle tirée d'une machine électrique est capable

d'enflammer les corps très combustibles, comme l'alcool et l'éther.

78. ÉLECTRICITÉ ATMOSPHÉRIQUE. — L'atmosphère et les nuages sont toujours plus ou moins chargés d'électricité. Lorsque deux nuages électrisés différemment se trouvent placés à une petite distance, leurs électricités doivent s'attirer, et, si l'attraction devient assez forte, il peut arriver qu'à un moment donné elles se précipitent l'une vers l'autre en produisant une immense étincelle.

L'éclair est la lueur qui accompagne cette étincelle, et le *tonnerre* est le bruit qu'elle produit.

La terre, en présence d'un nuage fortement électrisé, peut s'électriser par influence, et une étincelle peut se produire par la combinaison de l'électricité du nuage et de l'électricité contraire du sol; c'est cette étincelle qui est la *foudre*.

79. On se préserve des effets redoutables de la foudre en élevant des paratonnerres sur les édifices. Ce sont de longues barres de fer terminées en pointe et communiquant avec le sol au moyen de chaines métalliques. Lorsqu'un nuage électrisé vient à passer au-dessus d'un paratonnerre, ce nuage attire dans la barre de fer l'électricité du sol de nature contraire à la sienne; mais, grâce à la pointe qui termine le paratonnerre, cette électricité s'écoule vers le nuage à mesure qu'elle se développe, en sorte qu'il ne peut pas jaillir d'étincelle. L'électricité qui s'écoule ainsi par la pointe d'un paratonnerre se combine avec celle du nuage, en la neutralisant en partie ou en totalité.

QUESTIONNAIRE. — Qu'appelle-t-on électricité par influence? — Comment l'électricité se distribue-t-elle sur un corps électrisé par influence? Décrivez la machine électrique ordinaire. — Quelle espèce d'électricité obtient-on avec cette machine? — Quelle est la cause des éclairs et du tonnerre? — Qu'est-ce que la foudre? — En quoi consistent les paratonnerres? — Expliquez comment ils préservent de la foudre les édifices qu'ils surmontent.

III. — Pile électrique.

80. On appelle *pile électrique* un appareil destiné à produire simultanément les deux électricités de nature contraire et capable de les renouveler d'une manière continue à mesure que, par l'intermédiaire d'un corps conducteur, on fait combiner ces deux électricités.

Les points d'une pile d'où se dégagent les deux électricités contraires se nomment *pôles*. Le pôle positif est celui d'où se dégage l'électricité positive, et le pôle négatif est celui d'où s'échappe le fluide négatif.

81. Les premières piles électriques ont été construites par Volta, physicien de Pavie. Elles étaient formées de disques de zinc et de cuivre empilés les uns sur les autres (fig. 16), chaque couple de zinc et de cuivre étant séparé du suivant par une rondelle de drap imbibée d'acide sulfurique. L'électricité produite avait pour cause l'action chimique s'établissant entre le zinc et l'acide sulfurique.

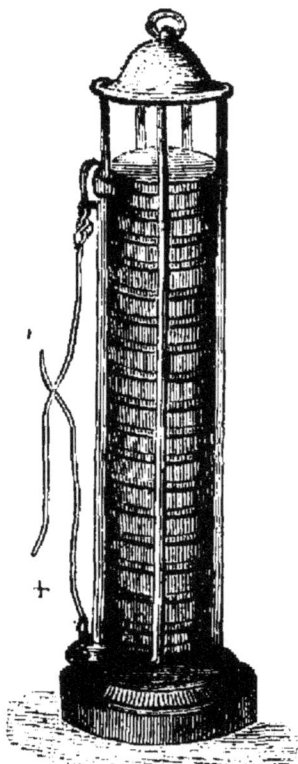

Fig. 16. — Pile de Volta.

82. Les piles que l'on construit maintenant ont une forme toute différente. La plus fréquemment employée dans les expériences de physique est celle de *Bunsen* (fig. 17). Elle se compose de quatre pièces placées dans l'intérieur les unes des autres, et qui sont :

1° Un vase en faïence ou en verre contenant de l'eau à laquelle on ajoute 1/10 ou 1/12 d'acide sulfurique;

2° Un cylindre creux en zinc ouvert à ses deux extrémités et fendu dans sa longueur, afin qu'étant plongé dans l'eau acidulée, il y ait libre communication entre le liquide intérieur et le liquide extérieur;

3° Un vase en terre poreuse que l'on place dans l'intérieur du cylindre en zinc, et dans lequel on verse de l'acide azotique;

4° Un cylindre de charbon bon conducteur de l'électricité, qui plonge dans l'acide azotique du vase poreux.

Une lame de cuivre fixée au cylindre de zinc est le

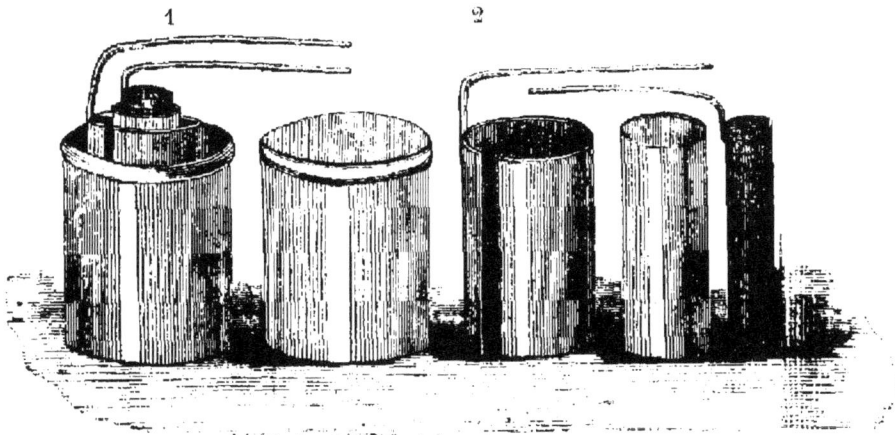

FIG. 17.
Pile de Bunsen : 1. Les quatre pièces réunies. — 2. Les mêmes pièces séparées.

pôle négatif. Une autre lame de cuivre fixée au charbon est le pôle positif.

L'ensemble des quatre pièces ainsi disposées prend le nom de *couple* ou *élément*.

Si l'on réunit par un fil de cuivre les deux pôles d'une pile, les deux électricités contraires engendrées par l'appareil se portent l'une vers l'autre par l'intermédiaire du fil et se combinent; on dit alors que le fil est traversé par un courant, et on appelle *sens du courant* le sens qu'est supposée suivre l'électricité positive en se portant, dans le fil, du pôle positif au pôle négatif.

Lorsqu'on veut obtenir un courant énergique, on réunit

plusieurs éléments, de manière que le zinc de chacun
communique avec le charbon du suivant. Les deux lames
de cuivre restées libres au premier élément et au dernier
sont les deux pôles.

QUESTIONNAIRE. — Qu'appelle-t-on pile électrique? — Qu'appelle-
t-on pôles d'une pile? — Quelle a été la première pile construite?
— En quoi consiste un couple ou élément de Bunsen? — Comment
réunit-on plusieurs couples pour en former une pile? — Où se .
trouvent les pôles d'une pile de Bunsen? — Comment obtient-on
un courant avec cette pile? — Qu'appelle-t-on sens du courant?

Effets des piles.

83. EFFETS PHYSIOLOGIQUES. — Si l'on fait passer dans
les organes d'un animal un courant électrique provenant
d'une pile énergique, il y produit une commotion sensible. Cette commotion peut être salutaire dans certains
cas. La médecine y a parfois recours. On emploie à cet
usage des appareils d'*induction* dont nous parlerons
plus tard.

Il est à remarquer que ces commotions ne se produisent
qu'au moment où le courant commence à passer dans les
organes de l'animal et au moment où il cesse.

84. ÉCLAIRAGE ÉLECTRIQUE. — Un courant électrique
suffisamment intense circulant dans un corps conducteur
peut avoir pour effet d'échauffer ce corps au point de le
rendre incandescent. Cette propriété est employée dans
l'éclairage électrique.

Pour réaliser ce mode d'éclairage, on emploie différents systèmes. Dans les lampes *à incandescence*, on
force le courant à traverser un mince fil de charbon
contenu dans un globe de verre vide d'air : dans ces
conditions, le fil s'échauffe, rougit et projette une lumière
éblouissante. Dans les lampes *à arc voltaïque,* le courant

doit franchir un faible intervalle existant entre deux baguettes de charbon : les deux extrémités de ces baguettes
s'échauffent et deviennent incandescentes, en même
temps qu'un arc lumineux jaillit entre ces deux extrémités et ajoute son éclat à celui des deux pointes de
charbon.

Le prix de l'électricité fournie par les piles ne permet pas
de réaliser par leur emploi l'éclairage public. Dans les essais
d'éclairage électrique que l'on a faits de nos jours, c'est au
travail de puissantes machines à vapeur, transformé en électricité par l'intermédiaire d'appareils dynamo-électriques (97),
que l'on a eu recours.

85. DÉCOMPOSITION DE L'EAU. — Les courants électriques qui passent à travers les corps composés([1]) ont généralement pour effet d'en séparer les éléments. Ainsi,

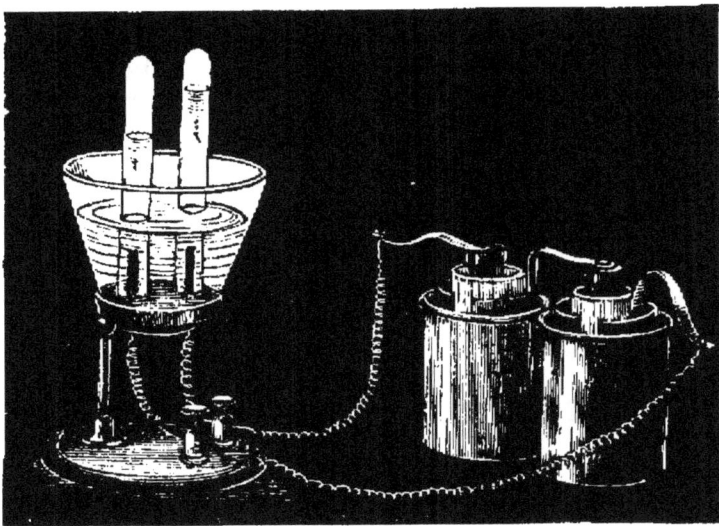

FIG. 18. — Décomposition de l'eau par un courant électrique.

que l'on fasse pénétrer dans le fond d'un verre rempli
d'eau (fig. 18) deux fils conducteurs attachés aux pôles

([1]) On appelle *corps composés* les corps formés par la combinaison de plusieurs substances de nature différente.

d'une pile, le courant, obligé de traverser l'eau pour se porter d'un fil à l'autre, la décompose en oxygène et hydrogène; l'oxygène se dégage sous la forme de petites bulles gazeuses autour de l'extrémité du fil qui vient du pôle positif, et l'hydrogène se dégage sous la même forme autour du fil qui vient du pôle négatif. On peut recueillir les deux gaz au moyen de deux cloches placées au-dessus des extrémités des fils (1).

86. DORURE ET ARGENTURE DES MÉTAUX. — L'action des courants électriques sur les corps composés est utilisée pour la dorure, l'argenture, le cuivrage des métaux. Si, en effet, on fait passer un courant à travers une dissolution d'un composé contenant de l'or, de l'argent ou du cuivre, ce composé est détruit, et le métal se porte vers le fil qui vient du pôle négatif. Il suffit, pour dorer, argenter ou cuivrer un objet, de l'attacher à ce fil et de le plonger dans la dissolution. Le métal se dépose à sa surface et y forme une couche très adhérente.

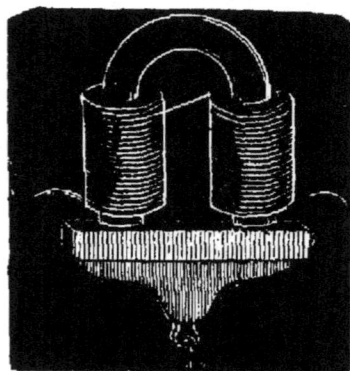

Fig. 19. — Électro-aimant.

87. ÉLECTRO-AIMANT. — Lorsqu'on fait passer un courant électrique dans un fil de cuivre enroulé un grand nombre de fois autour d'un barreau de fer ou d'acier, on observe que ce barreau s'aimante, c'est-à-dire devient capable d'attirer le fer. Lorsque le courant cesse de passer, le barreau conserve son aimantation s'il est d'acier; mais il la perd aussitôt s'il est de fer.

(1) Il faut, pour que l'expérience réussisse, additionner l'eau de quelques gouttes d'acide sulfurique et faire usage d'une pile formée de deux éléments au moins.

On appelle *électro-aimant* un barreau de fer très pur contourné en forme de fer à cheval et entouré d'un fil de cuivre qui fait un grand nombre de circuits (fig. 19). Si, en face des deux extrémités de ce barreau, on dispose une lame de fer mobile, cette lame est attirée chaque fois qu'un courant passe dans le fil, et il est d'autant plus difficile de la séparer de l'électro-aimant que le courant est plus énergique.

88. TÉLÉGRAPHIE ÉLECTRIQUE. — Il existe plusieurs systèmes de télégraphe électrique. Cependant, tous comprennent nécessairement :

1° Une *pile* placée à la station de départ;

2° Un *manipulateur* placé également à la station de départ entre les mains de l'employé chargé d'expédier la dépêche ;

3° Un *fil conducteur* qui relie la station de départ à la station d'arrivée;

4° Un *récepteur* placé à cette dernière station sous les yeux de l'employé qui doit recevoir la dépêche.

Au moyen du manipulateur, l'employé expéditeur peut interrompre ou laisser circuler sur le fil de ligne le courant issu de la pile.

Le récepteur a pour organe essentiel un électro-aimant qui, chaque fois que le courant passe, attire une lame de fer placée en face de ses deux extrémités, tandis qu'à chaque interruption du courant la lame est ramenée à sa première position par un ressort.

Les mouvements de cette lame peuvent se traduire en signaux, grâce à des conventions préalables, ou peuvent même, au moyen de mécanismes ingénieux, imprimer la dépêche en caractères connus.

QUESTIONNAIRE. — Quel effet un fort courant électrique produit-il sur les organes des animaux? — Quelle est la propriété des courants utilisée dans l'éclairage électrique? — En quoi consistent les lampes électriques à incandescence; à arc voltaïque? — Quelle est l'action des courants électriques sur les corps composés? — Comment l'eau se décompose-t-elle par le passage d'un courant? — Donnez une idée des procédés de dorure et d'argenture galvaniques. — Quel est l'effet produit par un courant électrique circulant dans un fil de cuivre enroulé autour d'un barreau de fer? — L'action est-elle la même si le barreau est d'acier? — Qu'appelle-t-on électro-aimant? — Donnez une idée du télégraphe électrique.

MAGNÉTISME

89. AIMANTS. — On appelle *aimants* des substances qui ont la propriété d'attirer le fer et l'acier. Cette propriété se nomme *magnétisme*.

Les aimants sont naturels ou artificiels. Les aimants naturels sont des corps composés d'oxygène et de fer que l'on trouve au sein de la terre, particulièrement en Suède et en Norwège; les aimants artificiels sont des barreaux d'acier que l'on aimante au moyen d'autres aimants ou par l'électricité.

90. PÔLES. — On nomme *pôles* d'un aimant les points de cet aimant où l'attraction sur le fer est le plus prononcée. Un barreau d'acier aimanté présente ordinairement deux pôles, qui sont placés vers ses deux extré-

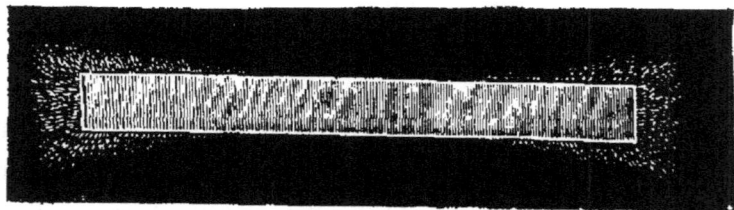

FIG. 20. — Barreau aimanté retenant de la limaille de fer.

mités : on le reconnaît en roulant l barreau dans de la limaille de fer; on voit la limaille s'attacher en abondance aux extrémités, tandis qu'il ne s'en attache pas au milieu (fig. 20). La ligne du milieu, où l'attraction est nulle, se nomme *ligne neutre*.

91. Propriétés des pôles. — Lorsqu'un barreau aimanté est suspendu par son milieu (fig. 21), de manière qu'il puisse librement tourner autour de son point de suspension, on reconnaît qu'il prend toujours à peu près la direction nord-sud. On appelle *pôles de même nom* ou *pôles de même nature* de deux aimants les deux pôles de ces deux aimants qui se

Fig. 21. — Aiguille aimantée.

dirigent l'un et l'autre vers le nord de la terre ou l'un et l'autre vers le sud, et l'on appelle *pôles de nom contraire* ou *pôles de nature contraire* deux pôles qui se dirigent l'un vers le nord et l'autre vers le sud.

Si l'on cherche à reconnaître comment les pôles de deux aimants agissent l'un sur l'autre, on constate que *deux pôles de même nature se repoussent*, tandis que *deux pôles de nature contraire s'attirent*.

92. Procédés d'aimantation. — On peut aimanter un barreau ou une aiguille d'acier de plusieurs manières; la plus simple consiste à promener sur ce barreau ou cette aiguille, toujours dans le même sens, l'un des pôles d'un aimant. Une autre manière consiste à enrouler un fil de cuivre autour du barreau à aimanter et à faire passer dans ce fil un courant électrique; au bout de très peu de temps, le barreau est aimanté.

Le fer peut s'aimanter aussi. Il suffit de présenter l'une des extrémités d'une tige de fer doux (1) à l'un des pôles d'un aimant, pour que cette tige s'aimante aussitôt. Mais cette aimantation disparaît dès qu'on éloigne de l'aimant la tige de fer. On peut encore aimanter le fer en faisant passer un courant électrique dans un fil de cuivre enroulé autour du barreau à aimanter; si le fer est très pur, l'aimantation cesse dès que le courant ne passe plus dans le fil.

93. BOUSSOLE. — La boussole est un instrument qui sert aux navigateurs pour se diriger sur les mers. Elle consiste en une aiguille aimantée posée sur un pivot vertical, au centre d'un cadran divisé en degrés (fig. 22). Sous l'influence de la terre, l'aiguille prend dans un même lieu une direction sensiblement constante, qui s'éloigne peu de la direction nord-sud. L'extrémité qui se dirige vers le nord est bleuie afin qu'on puisse la reconnaître.

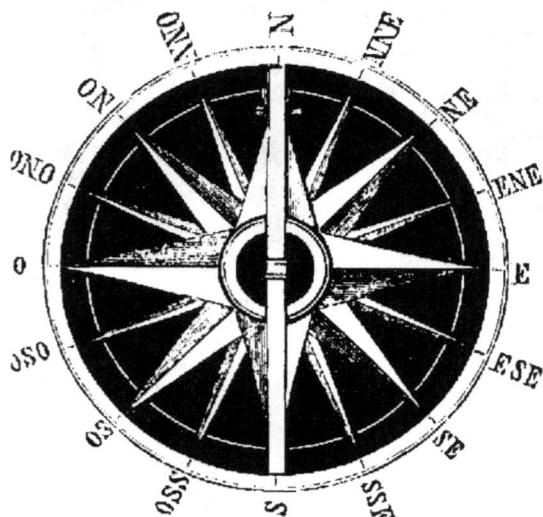

FIG. 22. — Boussole, vulgairement *Rose des vents*.

L'angle formé par la direction de l'aiguille avec la ligne nord-sud s'appelle *déclinaison*. La déclinaison est variable suivant les temps et suivant les lieux. Elle est actuellement, à Paris, de 17° environ, et elle est occidentale, c'est-à-dire que l'extrémité nord de l'aiguille est à l'occident de la ligne nord-sud.

(1) On appelle *fer doux* du fer parfaitement pur. L'acier n'est pas du fer doux; c'est une combinaison de fer et de charbon.

La boussole ne sert pas seulement aux navigateurs. Les arpenteurs l'emploient aussi dans le levé des plans.

La direction de l'aiguille d'une boussole peut être modifiée par l'influence d'aimants ou d'objets de fer placés dans le voisinage. Aussi, quand on fait une observation sur une boussole, on doit en tenir éloigné tout objet de fer qui pourrait, par son influence, altérer la direction de l'aiguille.

94. PERTURBATIONS DE L'AIGUILLE AIMANTÉE. — On appelle perturbations de l'aiguille aimantée les variations accidentelles qu'elle éprouve dans sa direction. Ces variations sont causées par les aurores boréales, les tremblements de terre, les éruptions des volcans, la chute de la foudre. Quelquefois l'action de la foudre va jusqu'à détruire le magnétisme de l'aiguille ou à en renverser les pôles.

QUESTIONNAIRE. — Qu'appelle-t-on aimant? — Qu'est-ce que le magnétisme? — Qu'entend-on par aimants naturels et aimants artificiels? — Qu'appelle-t-on pôles d'un aimant? — Comment reconnaît-on ces points? — Où sont situés les pôles dans un barreau aimanté? — Qu'est-ce que la ligne neutre? — Quelle est l'action de la terre sur un barreau aimanté suspendu par son milieu? — Qu'appelle-t-on pôles de même nom et pôles de nom contraire de deux aimants? — Comment deux pôles de deux aimants agissent-ils l'un sur l'autre 1º lorsque ces pôles sont de même nature; 2º lorsqu'ils sont de nom contraire? — Quelle est la manière la plus simple d'aimanter un barreau d'acier? — Ne peut-on pas aimanter un barreau d'acier par un courant électrique? — Le fer peut-il s'aimanter aussi, et par quels procédés? — L'aimantation du fer est-elle durable? — Qu'est-ce que la boussole? — Qu'appelle-t-on déclinaison de l'aiguille aimantée? — La déclinaison est-elle la même dans tous les pays? — Demeure-t-elle constante dans un même lieu? — Quelle est, actuellement, la valeur et le sens de la déclinaison en France? — La boussole ne sert-elle qu'aux navigateurs? — Quelle précaution doit-on prendre quand on fait une observation sur une aiguille aimantée? — Qu'appelle-t-on perturbations de l'aiguille aimantée? — Quelles en peuvent être les causes?

ÉLECTRO-MAGNÉTISME

95. On désigne sous le nom d'*électro-magnétisme* les phénomènes résultant de l'action des courants électriques sur les aimants, ou réciproquement des aimants sur les courants.

L'action d'un courant sur le fer doux est un phénomène électro-magnétique, dont nous avons parlé à l'occasion des électro-aimants (87).

96. *Expérience d'Ærstedt.* — Si l'on fait passer un courant électrique dans un fil conducteur placé parallèlement à une aiguille aimantée, soit au-dessus, soit au-dessous, cette aiguille est aussitôt déviée de sa position et tend à se mettre en croix avec la direction du fil. Le sens du déplacement dépend d'ailleurs du sens du courant.

Cette propriété est utilisée dans les *galvanomètres,* instruments destinés à reconnaître l'existence de courants et à en mesurer l'intensité. Elle est aussi utilisée pour les transmissions télégraphiques sous-marines à longue portée, parce que l'action d'un courant transmis par-dessous la mer à un récepteur éloigné se produit plus sûrement, au point d'arrivée, sur une aiguille aimantée que sur un électro-aimant.

97. *Courants d'induction.* — Nous avons vu qu'un courant électrique qui circule dans un fil conducteur enroulé autour d'un barreau de fer transforme celui-ci en un véritable aimant. Réciproquement, si un barreau de fer entouré d'un fil de cuivre vient à être aimanté subitement, il se produit dans le fil un courant dont la durée est d'ailleurs très courte ; il s'en produit un second, mais de sens contraire au premier, au moment où le barreau est privé de son aimantation. Il est à remarquer que ces courants, dits d'*induction magnétique,* ne se produisent que si le fil forme un *circuit fermé,* c'est-à-dire si les deux extrémités de ce fil sont mises en communication par l'intermédiaire d'un corps bon conducteur.

On peut donc obtenir des courants électriques, par la seule action d'un aimant dont on fait passer un pôle avec rapidité, et à courts intervalles, à une petite distance d'une bobine formée d'un fil de cuivre enroulé autour d'un barreau de fer. A chaque passage de l'aimant, le barreau de fer s'aimante rapidement, puis se désaimante ; il se produit donc dans le fil de la bobine une série de courants alternativement de sens contraire, que l'on peut utiliser par des dispositions d'appareils convenables.

Les machines qui permettent de produire et d'utiliser des courants d'induction magnétique se nomment machines *magnéto-électriques* (¹).

On appelle machines *dynamo-électriques* des appareils analogues aux machines magnéto-électriques, mais dans lesquelles l'aimant ou les aimants qui sont la source des courants sont remplacés par des électro-aimants (²).

On construit actuellement des machines dynamo-électriques d'une grande puissance, dans lesquelles les mouvements rapides des électro-aimants se produisent par l'intermédiaire d'une machine à vapeur. Ces machines remplacent avantageusement les piles, dans un grand nombre d'applications de l'électricité, par exemple dans l'éclairage électrique, la dorure et l'argenture galvaniques, etc.

98. *Téléphone.* — Le téléphone (fig. 23), appareil qui sert à la transmission de la parole, est encore une application des propriétés des courants d'induction.

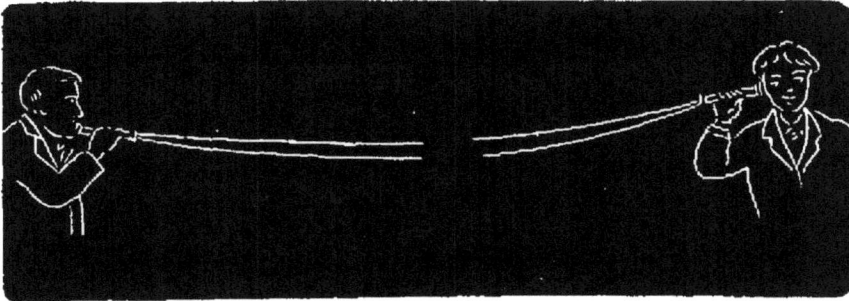

Fig. 23. — Téléphone.

Cet appareil se compose de deux pièces semblables, dont chacune consiste en une sorte d'étui en bois évasé à une de ses extrémités et contenant, dans son intérieur, une bobine

(¹) On obtient aussi des courants d'induction, en superposant dans une même bobine deux fils dont l'un peut être traversé par le courant d'une pile. A chaque passage et à chaque interruption de courant dans ce fil, il se produit dans l'autre fil, par le seul fait de son voisinage du premier, des courants d'induction analogues aux courants d'induction magnétique. Ces courants gagnent d'ailleurs beaucoup en intensité, si l'on place dans la bobine un barreau de fer doux. Ce sont ces courants d'induction que donne la *bobine de Ruhmkorff*, appareil que l'on voit parfois fonctionner sur les places publiques et qui attire la curiosité des passants.

(²) Le magnétisme de ces électro-aimants est engendré, pour la plus grande partie du moins, par les courants d'induction mêmes que produit la machine.

de fil de cuivre entourant un barreau aimanté. L'extrémité
évasée de l'instrument est fermée par une mince plaque de
fer fixée à une très petite distance de l'un des bouts du barreau aimanté.

L'une des deux pièces est à la disposition de la personne
qui parle; l'autre est entre les mains de la personne qui
écoute. Un double fil conducteur relie les deux stations, de
manière que les fils des deux bobines forment un circuit non
interrompu.

La personne qui veut se faire entendre parle en approchant
les lèvres de la mince lame de fer de l'instrument qu'elle a
entre les mains, tandis que l'autre applique l'oreille contre
le sien. Les vibrations sonores produites dans la lame de
l'appareil d'émission, par l'influence des sons proférés par la
personne qui parle, sont reproduites identiquement par la
lame de l'autre appareil, grâce à des courants d'induction
qui ont pour cause, précisément, les vibrations exécutées
par la première lame en présence du barreau aimanté en
regard duquel elle est fixée.

La netteté de la transmission des sons par le téléphone
est considérablement augmentée par l'addition à l'appareil
d'un organe ingénieux appelé *microphone,* dont nous ne don-
nons pas la description ici. Dans ce cas, l'appareil de transmission n'a plus la même forme que l'appareil de réception.

QUESTIONNAIRE. — Qu'appelle-t-on électro-magnétisme? — En
quoi consiste l'expérience d'*Œrstedt?* — Indiquez-en des applications. — Qu'entendez-vous par courants d'induction magnétique?
— Donnez une idée des machines magnéto-électriques et dynamo-
électriques? — En quoi consiste le téléphone?

OPTIQUE

1. — Phénomènes généraux.

99. L'*optique* est l'étude de la lumière.

La *lumière* se propage avec une grande vitesse. En
une seconde elle parcourt environ 310,000 kilomètres.
Elle suit toujours une ligne droite, tant que le milieu
qu'elle traverse conserve la même nature.

On appelle corps *transparents* les corps qui livrent passage à la lumière ; tel est le verre. On appelle corps *opaques* ceux qui l'interceptent, comme le bois, les métaux. Enfin, on donne le nom de corps *translucides* à ceux qui ne laissent passer qu'une demi-lumière, comme le papier huilé, le verre dépoli.

L'ombre d'un corps opaque est l'espace privé de la lumière que ce corps intercepte. L'espace faiblement éclairé qui sert de transition entre l'ombre et la lumière se nomme *pénombre*.

100. CHAMBRE NOIRE. — On appelle chambre noire un espace fermé de toutes parts (tel qu'une chambre ordinaire, une boîte), dont l'une des parois est percée d'une très petite ouverture (fig. 24). La lumière qu'en voient les objets placés en dehors, en face de cette ouverture, produit à l'intérieur de la chambre, sur la paroi

Fig. 24. — Effet de la lumière dans une chambre noire.

opposée, une image renversée de ces objets. Cette image est d'autant plus nette que l'ouverture est plus petite.

On peut d'ailleurs en augmenter la netteté en disposant dans l'ouverture une lentille convexe (1).

L'image produite dans une chambre noire devient durable si l'on dispose à l'endroit où elle se forme une

_____

(1) On appelle *lentille convexe* une pièce en verre plus épaisse au milieu qu'aux bords.

substance impressionnable par la lumière. Les substances que l'on emploie à cet effet sont habituellement des composés d'argent.

La *photographie* est l'art de produire des images durables au moyen de la chambre noire.

QUESTIONNAIRE. — Qu'est-ce que l'optique? — Quelle est la vitesse de la lumière? — A quelle condition la lumière se propage-t-elle en ligne droite? — Qu'appelle-t-on corps transparents, — corps opaques, — corps translucides? — Qu'appelle-t-on ombre et pénombre? — Qu'est-ce que la chambre noire? — Comment augmente-t-on la netteté des images produites dans une chambre noire? — Comment peut-on rendre ces images durables? — Qu'appelle-t-on photographie?

II. — Réflexion de la lumière.

104. Lorsqu'un rayon de lumière tombe sur une surface polie, plane ou courbe, ce rayon est réfléchi, c'est-à-dire est renvoyé par cette surface. On appelle point d'incidence le point de la surface frappé par le rayon de lumière; angle d'incidence l'angle for-

FIG. 25.

A B. Surface réfléchissante.   *a b n.* Angle d'incidence.
a b. Rayon incident.   *c b n.* Angle de réflexion.
b c. Rayon réfléchi.
b n. Normale.   *a b n = c b n.*

mé par ce rayon avec la normale à la surface (¹) menée par le point d'incidence; et angle de *réflexion* l'angle formé par le rayon réfléchi avec la même normale (fig. 25).

(¹) On appelle *normale à une surface plane*, en un point donné, une perpendiculaire à cette surface menée par le point donné, et on appelle *normale à une surface courbe* en un point donné, une perpendiculaire menée par ce point au plan tangent à la surface.

L'observation montre qu'en se réfléchissant un rayon de lumière suit toujours, *de l'autre côté de la normale,* une direction telle que *l'angle de réflexion est égal à l'angle d'incidence.*

Si la lumière tombe sur un corps dont la surface n'est pas polie, elle n'est plus réfléchie dans une direction unique, parce que les aspérités du corps la renvoient dans tous les sens. C'est la lumière réfléchie ainsi irrégulièrement par tous les corps de la nature qui nous les rend visibles, quelle que soit leur position et la nôtre.

102. Miroir plan. — Un miroir plan est une surface plane réfléchissante. Lorsqu'un objet éclairé est placé au-devant d'un miroir plan (fig. 26), les rayons de lumière qu'envoient les différents points de cet objet se réfléchissent en formant des angles de réflexion égaux aux angles d'incidence, et les directions

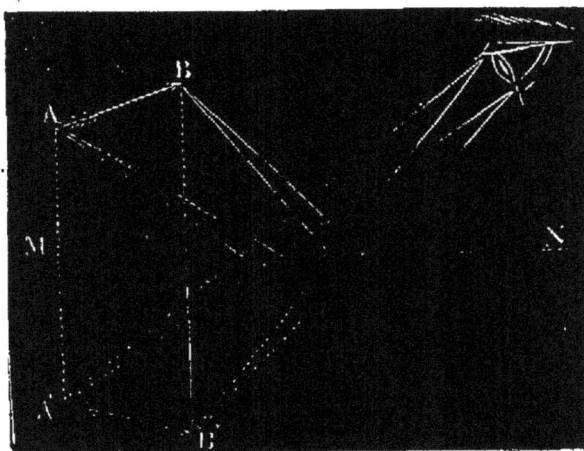

FIG. 26.

MN. Surface réfléchissante.
Les rayons lumineux venant de l'objet AB se réfléchissent en prenant la même direction que s'ils venaient d'un objet semblable situé en A'B' [1].

que prennent ces rayons réfléchis se trouvent précisément les mêmes que s'ils venaient d'un objet situé de l'autre côté du miroir à une distance égale à la distance réelle de l'objet au miroir. Il en résulte qu'on croit voir

---

[1] Une infinité de rayons lumineux partant des différents points de l'objet se réfléchissent sur le miroir. La figure représente la marche de deux rayons seulement partant de chacun des points A et B.

derrière le miroir l'objet lui-même. Cette apparence se nomme l'*image* de l'objet.

103. Miroir concave. — Un miroir concave est une surface concave réfléchissante. Lorsqu'on reçoit sur un pareil miroir la lumière du soleil ou celle d'un objet éclairant, placé à une grande distance, les rayons lumineux réfléchis par les différents points de ce miroir vont tous passer en un lieu situé en avant du miroir, en formant en ce lieu une très petite image de l'objet; ce lieu se nomme *foyer* (fig. 27). Comme la chaleur se réfléchit de la même manière que la lumière, il peut se produire au foyer, par la réunion des rayons de chaleur qui s'y croisent, une température capable d'enflammer les corps combustibles.

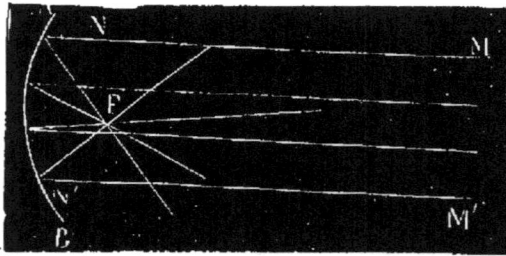

FIG. 27.

A B. Miroir concave.
F. Foyer, point où se croisent, après leur réflexion, des rayons lumineux tels que M N, M' N'.

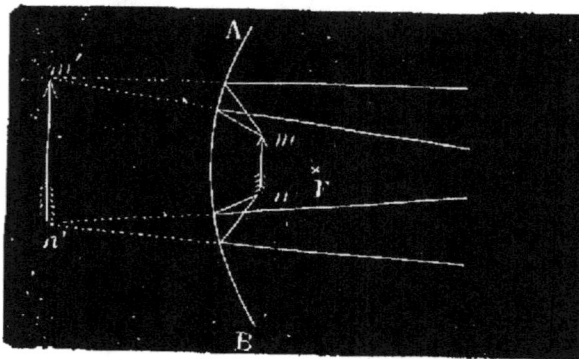

FIG. 28.

AB. Miroir concave.
F. Foyer de ce miroir.
Les rayons lumineux partant de l'objet *m n* prennent, après leur réflexion, la même direction que s'ils venaient d'un objet semblable *m' n'* placé derrière le miroir et de plus grande dimension que *m n*.

104. Lorsqu'un objet est placé au-devant d'un miroir concave, entre ce miroir et son foyer (fig. 28), il se produit, par la réflexion de la lumière sur sa surface,

l'apparence d'une image de l'objet placée derrière
le miroir.
Cette ima-
ge est droi-
te, c'est-à-
dire non
renversée,
et est plus
grande que
l'objet. Voi-
là pourquoi
on appelle
quelque-
fois les mi-
roirs con-
caves mi-
roirs grossissants.

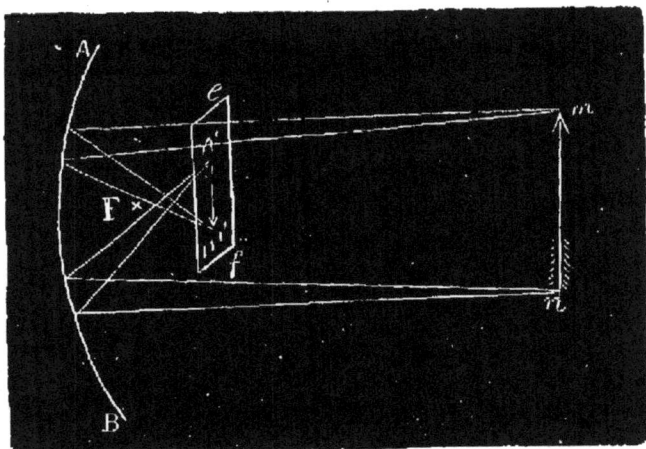

FIG. 29. — Les rayons lumineux partant du point m se réunissent, après leur réflexion, au point m'; ceux qui partent du
point n se réunissent en n'. — ef. Écran sur lequel se produit
l'image $m'n'$. Si $m'n'$ était l'objet, mn en serait l'image. —
F. foyer.

105. Si l'objet est placé au delà du foyer par rapport
au miroir (fig. 29), son image se
produit en avant du miroir; elle est
alors toujours renversée, d'autant
plus petite et plus près du foyer que
l'objet est plus loin du miroir; d'autant plus grande et plus éloignée du
miroir que l'objet est plus près du
foyer. Comme cette image est au-
devant du miroir, elle peut se recueillir sur un écran, par exemple
sur un carton placé au lieu où elle
se forme.

106. MIROIR CONVEXE. — Un miroir convexe est une surface convexe
réfléchissante (fig. 30). Quelle que
soit la position d'un objet placé au-

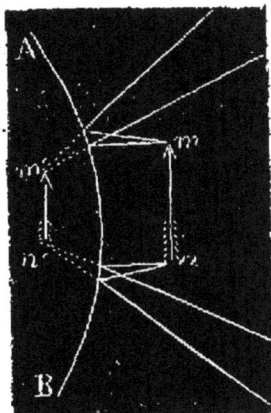

FIG. 30.
A B. Miroir convexe.
Les rayons lumineux par-
tant de l'objet mn prennent, après leur réflexion,
la même direction que s'ils
venaient d'un objet sem-
blable $m'n'$ placé derrière
le miroir et de plus petite
dimension que mn.

devant d'un miroir convexe, la lumière qu'il émet produit toujours, en se réfléchissant sur le miroir, l'apparence d'une image placée au delà du miroir, droite et plus petite que l'objet. C'est ce que l'on peut constater en se plaçant devant une boule bien polie.

QUESTIONNAIRE. — Que devient un rayon de lumière qui tombe sur une surface polie? — Qu'appelle-t-on point d'incidence, — angle d'incidence, — angle de réflexion? — Quelle est la loi de la réflexion de la lumière? — Que devient la lumière qui tombe sur un corps dont la surface n'est pas polie? — Qu'appelle-t-on miroir plan? — Quelle apparence produit la lumière qui se réfléchit sur un miroir plan? — Qu'est-ce qu'un miroir concave? — Qu'appelle-t-on foyer d'un miroir concave? — Pourquoi ce point se nomme-t-il ainsi? — Quelle est l'apparence produite par la lumière qui se réfléchit sur un miroir concave quand l'objet d'où vient cette lumière est placé entre le miroir et le foyer? — Quel est l'effet produit quand l'objet est placé au delà du foyer par rapport au miroir? — Qu'est-ce qu'un miroir convexe? — Quelle est l'apparence produite par la réflexion de la lumière sur un miroir convexe?

III. — Réfraction de la lumière.

107. On appelle *réfraction* la déviation qu'éprouve un rayon de lumière en passant d'un milieu dans un autre, par exemple de l'air dans l'eau, de l'eau dans le verre.

Le sens de la déviation dépend de la nature des milieux. Habituellement, quand la lumière passe d'un milieu moins dense dans un milieu plus dense, comme de l'air dans le verre ou dans l'eau, la nouvelle direction qu'elle prend a pour effet de la faire écarter de la surface de séparation des deux milieux. Le contraire a lieu si la lumière passe d'un milieu plus dense dans un milieu moins dense.

Si le rayon de lumière se présente à la surface de séparation des deux milieux avec une direction perpendiculaire à cette surface, il continue sa route sans déviation. Dans ce cas, il n'est pas réfracté.

C'est par un effet de la réfraction qu'un bâton à moitié
plongé dans l'eau paraît brisé, que le fond d'un vase

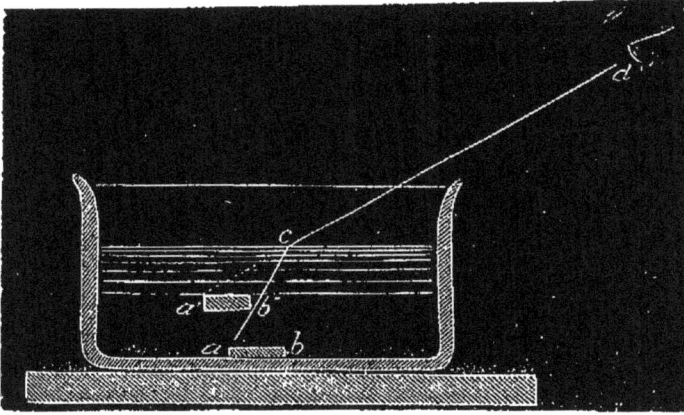

Fig. 31. — Le rayon de lumière *a c* venant de l'objet *a b* prend,
en sortant de l'eau, la direction *c d*; l'objet apparaît en *a' b'*. —
Passant de l'eau dans l'air, le rayon de lumière se rapproche de
la surface de l'eau.

contenant de l'eau paraît plus haut qu'il ne l'est réellement (fig. 31), qu'un astre semble plus élevé au-dessus
de l'horizon qu'il ne l'est en réalité.

108. Lorsqu'un rayon de lumière traverse un corps
transparent terminé par deux faces parallèles, comme
une vitre (fig. 32), il éprouve deux déviations, l'une
en pénétrant dans le
corps, l'autre en en
sortant; mais ces deux
déviations, étant de
sens contraire, se com-
pensent et le rayon
lumineux sort du corps
transparent suivant
une direction parallèle
à la direction primi-
tive. Il résulte de là
que les objets vus à

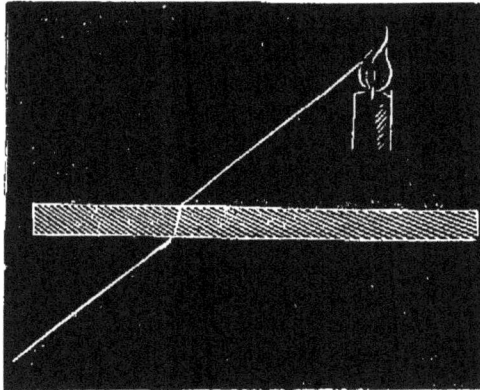

Fig. 32. — Marche d'un rayon lumineux à
travers un corps transparent terminé par deux
faces parallèles, comme une lame de verre.

travers les vitres de nos appartements ne nous apparaissent pas sensiblement déplacés de leur position naturelle.

Mais si un rayon lumineux traverse un milieu dont
les faces ne sont pas parallèles, les deux déviations qu'il
éprouve ne se compensent plus, et la direction qu'il
prend, à sa sortie, n'est pas parallèle à sa direction

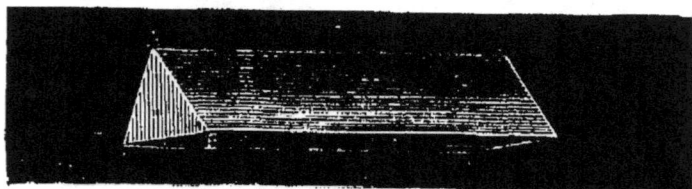

Fig. 33.
Prisme triangulaire de verre employé dans les expériences d'optique.

primitive. C'est ce qui arrive pour un rayon lumineux qui
pénètre dans un prisme triangulaire en verre (fig. 33)
par une de ces faces latérales et qui en sort par une

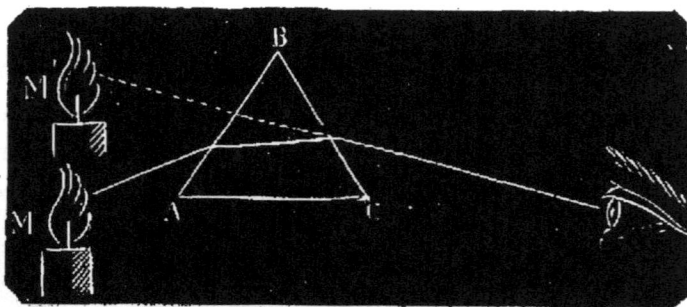

Fig. 34. — Marche d'un rayon lumineux à travers un prisme A B C.
L'œil qui reçoit ce rayon lumineux, après sa sortie du prisme, est
impressionné comme s'il venait non de l'objet M, mais d'un objet
semblable M'.

autre face. Aussi les objets que l'on regarde à travers un
prisme paraissent-ils sensiblement déplacés (fig. 34).

109. SPECTRE SOLAIRE. — En faisant passer au travers d'un prisme un rayon de soleil, non seulement on
en change la direction, mais encore on le décompose.
On obtient, en effet, en recevant ce rayon lumineux sur

un carton ou sur un mur, une image allongée présentant un grand nombre de couleurs différentes dont les prin-

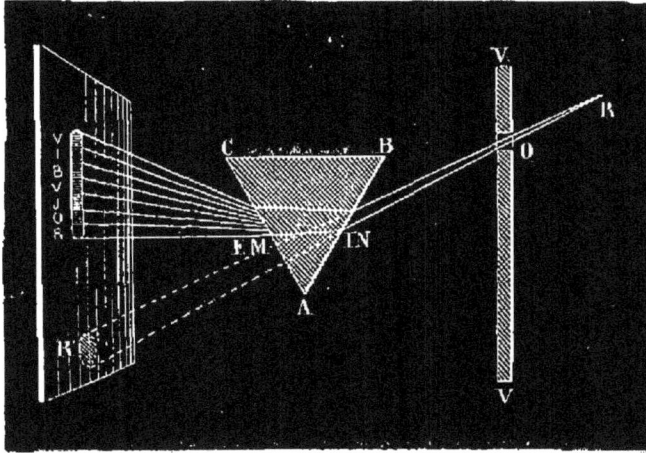

FIG. 35.

O, Ouverture par laquelle pénètre un rayon de lumière dans une chambre noire.

R' Impression lumineuse que produirait ce rayon sur un écran placé en regard de l'ouverture.

ABC. Prisme vu par son extrémité.

IN. Point d'incidence, c'est-à-dire point d'entrée du rayon de lumière dans le prisme.

EM. Point d'émergence, c'est-à-dire point de sortie.

V, violet; — I, indigo; — B, bleu; — V, vert; — J, jaune; — O, orangé; — R, rouge.

cipales sont les suivantes : *violet, indigo, bleu, vert, jaune, orangé, rouge* (fig. 35)

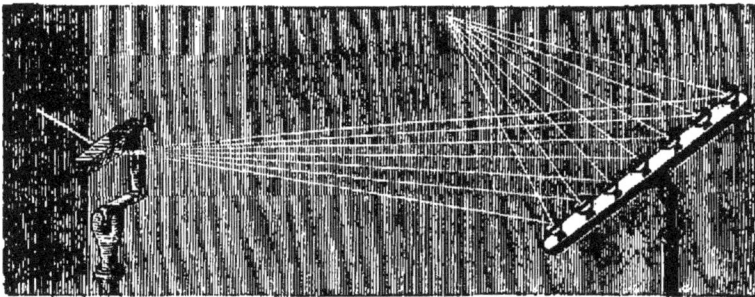

FIG. 36. — Recomposition de la lumière.

Cette image se nomme *spectre solaire*.

Un rayon de lumière blanche est donc composé d'un grand nombre de rayons de couleurs différentes. D'ailleurs, si l'on réunit les principaux de ces rayons en un même point, au moyen de miroirs convenablement placés, on reproduit la lumière blanche (fig. 36).

Le phénomène de l'*arc-en-ciel* est dû à la décomposition de la lumière du soleil qui traverse les gouttes d'eau des nuages.

Les teintes que présente un arc-en-ciel sont les mêmes que celles du spectre solaire, et elles sont disposées dans le même ordre.

110. LENTILLES. — Les lentilles sont des corps transparents terminés par des surfaces courbes. On les construit toujours en verre.

Il y a deux sortes de lentilles : les lentilles *convergentes* et les lentilles *divergentes*.

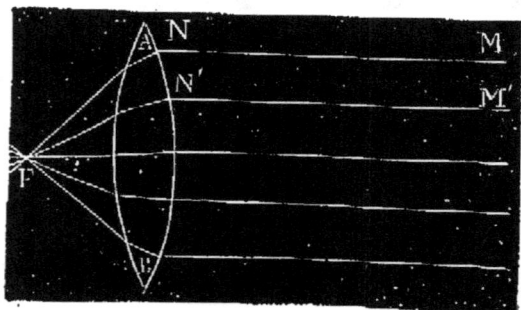

FIG. 37.
Marche de rayons lumineux M N, M'N', etc., à travers une lentille convergente A B. — F. Foyer.

Les **lentilles convergentes** sont plus épaisses au milieu qu'aux bords. Elles sont ainsi appelées parce que les rayons de lumière qui viennent d'objets éloignés sont déviés de telle sorte, en traversant ces lentilles, qu'à leur sortie il se trouvent convergents, c'est-à-dire tendent à se réunir (fig. 37).

Le lieu où s'opère cette réunion s'appelle *foyer*.

Comme la chaleur se réfracte de la même manière que la lumière, il peut se produire au foyer une concentration de chaleur capable d'enflammer les corps combustibles.

Une lentille convergente a toujours deux foyers situés chacun d'un côté différent de la lentille.

111. Lorsqu'un objet est placé entre une lentille convergente et l'un de ses foyers (fig. 38), les rayons de lumière émis par cet objet et qui traversent la lentille se trouvent avoir, en sortant, la même direction que s'ils venaient d'un objet semblable à celui qui les a émis, mais ayant de plus grandes dimensions. Il en résulte l'apparence d'une image de l'objet qui serait du même côté de la lentille que cet objet. Cette image est droite, c'est-à-dire non renversée, et en outre est agrandie.

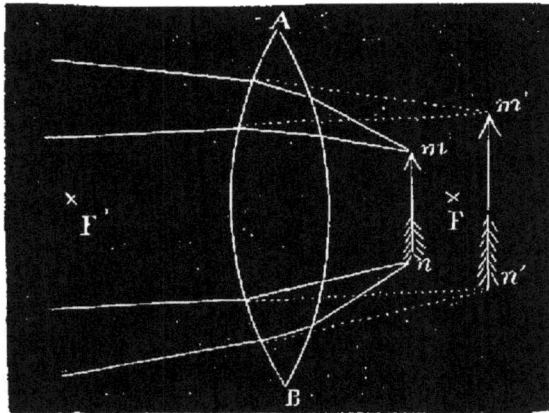

Fig. 38. — Les rayons lumineux qui partent de l'objet *mn* et qui traversent la lentille A B, en sortent avec la même direction que s'ils venaient d'un objet semblable *m'n'* de plus grande dimension que *mn*. F, F'. Foyers.

On utilise ce pouvoir grossissant des lentilles convergentes dans les *loupes* et les *microscopes*, instruments destinés à examiner les petits objets.

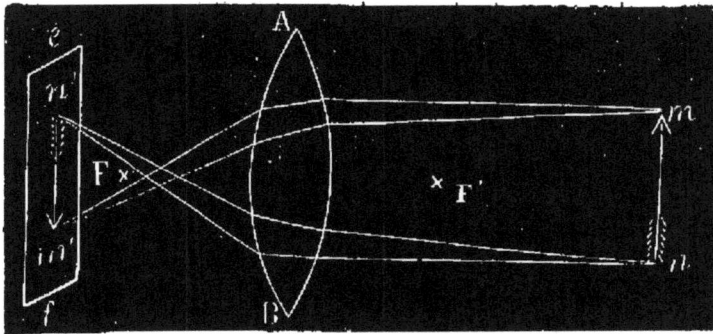

Fig. 39. — Les rayons lumineux partant du point *m* se réunissent, après avoir traversé la lentille, au point *m'*; ceux qui partent du point *n* se réunissent en *n'*.
e f. Ecran sur lequel se produit l'image *m'n'*. Si *m'n'* était l'objet, *mn* en serait l'image. — F, F'. Foyers.

112. Si un objet est placé au-devant d'une lentille convergente et au delà du foyer (fig. 39), les rayons de lumière envoyés par cet objet vont se rencontrer de l'autre côté de la lentille, en formant une image renversée de l'objet. Cette image est d'autant plus près du foyer situé de ce côté et d'autant plus petite que l'objet est plus éloigné de la lentille; elle est d'autant plus grande et plus éloignée de la lentille que l'objet est plus près du foyer situé de son côté. On peut recueillir cette image en plaçant un écran au lieu où elle se forme.

113. Les **lentilles divergentes** sont plus épaisses aux bords qu'au milieu (fig. 40). Les rayons lumineux qui les traversent, au lieu de tendre à sé réunir, divergent, c'est-à-dire s'écartent les uns des autres, et produisent le même effet que s'ils venaient d'ob-

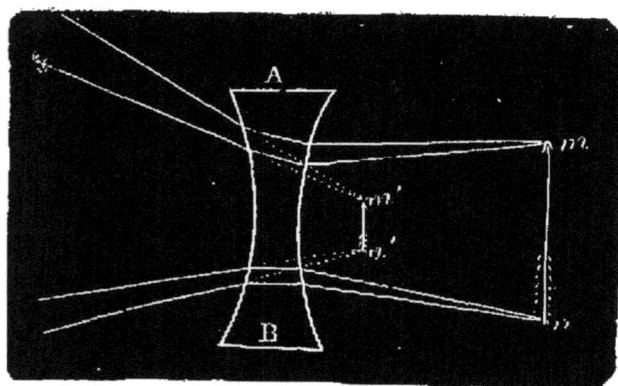

Fig. 40. — Les rayons lumineux qui partent de l'objet *m n* et qui traversent la lentille divergente A B, en sortent avec la même direction que s'ils venaient d'un objet semblable *m′ n′*, de moindre dimension que *m n*.

jets plus petits que ne le sont réellement les objets d'où ils proviennent. Il en résulte l'apparence d'images de ces objets, réduites et droites. C'est ce que l'on peut constater en regardant des objets à travers le fond d'un verre.

114. BESICLES. — On appelle besicles ou vulgairement lunettes des verres convexes ou concaves, qui servent à corriger les défauts de la vue.

Les verres concaves sont employés par les personnes myopes, c'est-à-dire par celles qui ne peuvent voir distinctement que les objets très rapprochés, et les verres convexes sont employés par les presbytes, c'est-à-dire par les personnes qui ne distinguent bien que les objets éloignés.

115. APPLICATION DES LENTILLES ET DES MIROIRS. — Les applications des lentilles et des miroirs sont très nombreuses. Les lentilles s'emploient dans les *microscopes*, les *lunettes astronomiques*, les *lunettes terrestres* ou *longues-vues*, les *besicles*, etc.

Combinées avec les miroirs, elles s'emploient dans les *télescopes*, les *lanternes magiques*, les *phares*, etc.

QUESTIONNAIRE. — Qu'appelle-t-on réfraction de la lumière? — Citez des effets de la réfraction. — Quelle direction prend un rayon de lumière qui traverse un corps transparent terminé par des faces parallèles? — La même chose a-t-elle lieu si les faces du corps transparent ne sont pas parallèles? — Qu'appelle-t-on spectre solaire? — Nommez les principales couleurs du spectre solaire? — Qu'obtient-on, si l'on réunit en un même point les couleurs du spectre solaire? — Qu'est-ce que cette expérience prouve? — Quelle est la cause de l'arc-en-ciel? — Qu'appelle-t-on lentilles? — Quel est le caractère des lentilles convergentes? — Pourquoi ces lentilles sont-elles ainsi appelées? — Qu'est-ce que le foyer d'une lentille convergente? — Pourquoi ce point se nomme-t-il ainsi? — Quelle est l'apparence produite par la lumière qui traverse une lentille convergente, quand l'objet d'où vient cette lumière est placé entre la lentille et son foyer? — Quel est l'effet produit quand l'objet est placé au delà du foyer? — Quel est le caractère des lentilles divergentes? — Pourquoi ces lentilles se nomment-elles ainsi? — Quelle est l'apparence produite par la lumière qui a traversé une lentille divergente? — Qu'appelle-t-on besicles ou lunettes? — N'y a-t-il pas deux sortes de besicles? — Quels sont les défauts de la vue que chaque espèce de besicles sert à corriger? — Nommez quelques instruments où l'on utilise les propriétés des lentilles et des miroirs.

ACOUSTIQUE

116. L'*acoustique* est l'étude du son.

Le *son* est l'impression produite sur l'organe de l'ouïe par les mouvements vibratoires des corps.

Lorsqu'un corps sonore, tel qu'une cloche, une corde

tendue, est ébranlé par un choc ou par toute autre cause, les différentes parties de ce corps entrent en vibration, c'est-à-dire demeurent animées d'un mouvement rapide de va-et-vient appelé *mouvement vibratoire*. Ce mouvement se communique à l'air, et c'est le mouvement vibratoire ainsi communiqué à l'air qui impressionne l'oreille. Un corps placé dans le vide ne peut donc pas rendre de son.

Le son peut être transmis par tout autre gaz que par l'air, ainsi que par les différents corps liquides ou solides. Sa vitesse, dans ces derniers corps, est même beaucoup plus grande que dans l'air. Ainsi, tandis que le son ne parcourt, dans l'air, que 340 mètres par seconde, il en parcourt 1,435 dans l'eau, et 6,000 dans le bois de sapin.

117. HAUTEUR DU SON. — La hauteur du son dépend du nombre de vibrations produites dans un temps donné. Plus ce nombre de vibrations est grand, plus le son est élevé. Les sons qui constituent une gamme ascendante résultent donc de mouvements vibratoires de plus en plus rapides. On trouve, par l'expérience, qu'un son placé à l'octave d'un autre son est produit par un nombre de vibrations précisément double du nombre de vibrations qui produisent cet autre son.

118. INTENSITÉ. — L'intensité du son est due à l'amplitude des vibrations, c'est-à-dire à l'écart plus ou moins grand des parties du corps vibrant, de part et d'autre de leur position moyenne. Ainsi, quand on fait vibrer un diapason, le son qu'il rend est d'autant plus fort que les branches ont été plus violemment rapprochées ou écartées ; mais la hauteur du son est toujours la même, parce que le nombre de vibrations exécutées dans le même temps est constant.

119. VIBRATIONS DES CORDES. — Lorsqu'on fait vibrer une corde tendue, l'observation montre que le nombre de vibrations qu'elle exécute est en raison inverse de sa longueur; c'est-à-dire que si la longueur de la corde devient, par exemple, deux fois plus petite, le nombre de vibrations devient deux fois plus grand. Elle donne alors l'octave de la note première.

Le nombre de vibrations d'une corde tendue est encore en raison inverse de son diamètre. Les cordes de gros diamètre vibrent donc moins rapidement que celles d'un petit diamètre. Voilà pourquoi elles donnent des sons plus bas.

Enfin, le nombre de vibrations d'une corde s'élève d'autant plus que la corde est plus tendue. On sait que plus on tend une corde de violon, plus le son qu'elle rend est élevé.

120. INSTRUMENTS A VENT. — Les sons que rendent les instruments à vent, tels que les flûtes, les tuyaux d'orgue, les trompettes, sont dus aux vibrations de l'air contenu dans ces instruments. En général, les sons sont d'autant plus élevés que le tube de l'instrument est plus court.

Le larynx des animaux est un véritable instrument à vent.

121. SONS CONCOMITANTS. — On appelle sons concomitants des sons plus ou moins appréciables qui accompagnent le son principal lorsque certains corps vibrent, comme une cloche, une corde de basse. Ces sons sont dus à des vibrations secondaires qui se produisent en même temps que les vibrations générales.

122. RÉFLEXION DU SON. — Les vibrations de l'air peuvent être réfléchies par les corps suivant les mêmes lois que la lumière et la chaleur. C'est à cette réflexion qu'est dû l'écho. Certains échos, en se répercutant sur des surfaces convenablement disposées, peuvent produire jusqu'à vingt et même quarante fois le même son.

QUESTIONNAIRE. — Qu'est-ce que l'acoustique? En quoi consiste le son? — Pourquoi un corps placé dans le vide ne peut-il pas rendre de son? — N'y a-t-il pas d'autres corps que l'air capables de transmettre le son? — Quelle est la vitesse du son dans l'air? — De quoi dépend la hauteur d'un son? — Quel rapport y a-t-il entre les nombres de vibrations de deux sons placés à l'octave l'un de l'autre? — Quelle est la cause de l'intensité d'un son? — Quelles relations y a-t-il entre le nombre de vibrations d'une corde tendue et 1° sa longueur, 2° son diamètre, 3° la force qui la tend? — Quelle est la cause du son produit par les instruments à vent? — Quelle est l'influence produite sur la hauteur du son par la longueur de l'instrument? — Qu'appelle-t-on sons concomitants? — Quelle est la cause de ces sons? — Quelle est la cause de l'écho?

PROBLÈMES

1. Une pierre est tombée d'une hauteur de 40 mètres. Quelle a été la durée de la chute?

2. Quelle est la hauteur d'une voûte, sachant qu'une pierre a employé 2 secondes pour tomber du sommet de cette voûte sur le sol?

3. On veut soulever un ballot de marchandises pesant 500 kilogrammes avec un levier dont le point d'appui est à 20 centimètres du fardeau à soulever. On demande quel effort il faudra exercer sur ce levier, sachant que le point où l'effort sera appliqué est distant du point d'appui de 1 m. 30.

4. Une masse d'air occupe un volume d'un litre sous la pression de 76 centimètres. Quel volume occupera-t-elle sous la pression de 37 centimètres?

5. Un vase contient de l'air dont la force élastique est de 2 kilogrammes par centimètre carré. Quelle force élastique acquerra cet air si la capacité du vase est réduite de moitié? A quelle hauteur barométrique correspondra cette pression?

6. La pression atmosphérique étant de 76 centimètres, on demande à quelle hauteur l'eau s'élèverait dans le tuyau d'aspiration d'une pompe, s'il était possible d'y faire le vide parfait?

7. Le diamètre du piston d'une pompe aspirante est de 8 centimètres, et sa course de 22 centimètres. On demande la quantité d'eau élevée par 100 coups de piston, la pompe étant supposée préalablement amorcée.

8. Un tonneau repose sur le sol par l'une de ses bases; on fixe, au centre de la base supérieure, un long tube vide ouvert aux deux bouts. Le tonneau étant plein d'eau, on emplit ce tube d'eau jusqu'à une hauteur de 2m50 au-dessus du sol. On demande la pression totale que supportera la base inférieure du tonneau. On demande aussi l'effort que supportera de bas en haut la face supérieure du tonneau, si la hauteur de l'eau

3

dans le tube est de 1^m40 au-dessus de cette face. Le diamètre des deux bases du tonneau est de 0^m50.

9. La densité du marbre étant de 2,8, on demande ce que pèserait dans l'eau un bloc de marbre d'un mètre cube.

10. Un fragment de soufre pèse 5 grammes; on le plonge dans un flacon parfaitement plein d'eau qui pesait, avant l'introduction du soufre, 50 grammes. Le soufre ayant fait sortir du flacon un volume d'eau égal au sien, on trouve que le poids du flacon, avec le soufre qu'il contient, est de $52^{gr}5$. On demande la densité du soufre.

11. Un flacon contient 60 grammes d'eau. Quel poids d'acide sulfurique contiendra-t-il, si la densité de l'acide sulfurique est 1,84?

12. La densité du gaz acide carbonique est 1,53 (rapportée à l'air). On demande le poids de 10 litres de ce gaz, sachant que le poids d'un litre d'air est d'environ $1^{gr}3$.

13. Le droit de circulation pour un hectolitre d'alcool pur étant de 150 fr., on demande ce que l'on devra payer pour une pièce d'eau-de-vie à 60 degrés, jaugeant 340 litres.

14. Pour une élévation de température d'un degré, une barre de fer s'allonge des $\frac{122}{10,000,000}$ de la longueur qu'elle a à zéro. On demande quelle longueur aura, à 40 degrés, un rail de chemin de fer qui a 20 mètres à zéro. On demande de plus quelle longueur aurait à zéro un rail ayant 20 mètres à 40 degrés.

15. Un rail de chemin de fer a 15 mètres à la température de 5 degrés. Quelle longueur aurait-il à la température de 50 degrés?

16. Pour une élévation de température d'un degré, les gaz se dilatent des $\frac{366}{100,000}$ de leur volume à zéro, du moins si la pression à laquelle ils sont soumis reste constante. On demande : 1° le volume qu'acquerra un litre d'air en passant de la température zéro à la température de 100 degrés; 2° le poids d'un litre d'air à 100 degrés, sachant qu'un litre d'air à zéro pèse $1^{gr}3$.

17. La température accusée par un thermomètre Réaumur étant 20 degrés, on demande quelle température accuserait dans les mêmes circonstances un thermomètre centigrade.

18. On appelle *chaleur spécifique* d'un corps le nombre d'unités de chaleur nécessaire pour élever d'un degré la température d'un kilogramme de ce corps. La chaleur spécifique du fer étant 0,1255, on demande la quantité de chaleur nécessaire pour faire passer de 10 degrés à 200 degrés la température de 20 kilogrammes de fer.

19. Quelle quantité d'eau pourrait-on amener de 6 degrés à 15 degrés avec la chaleur calculée au problème précédent? Quelle quantité de glace pourrait-on fondre avec la même chaleur?

20. La quantité de chaleur que produit un kilogramme de charbon de bois en brûlant est à peu près de 6120 unités de chaleur. On demande quel poids d'eau on pourrait vaporiser avec cette quantité de chaleur, l'eau étant préalablement amenée à 100 degrés.

21. On demande la température finale du mélange de 5 kilog. d'eau à 40 degrés avec 1 kilog. 5 de glace à zéro.

22. On demande la température à laquelle s'élèveraient 40 kilog. d'eau à 15 degrés, dans laquelle on ferait condenser 3 kilog. de vapeur à 100 degrés.

23. Dans un appareil de chauffage par la vapeur d'eau, on a vaporisé 50 litres d'eau. On demande combien cette vapeur, en se condensant, a cédé de chaleur à l'édifice qu'elle a traversé.

24. On demande combien il a fallu brûler de houille pour échauffer ces 50 litres d'eau de 15 à 100 degrés, et ensuite pour les vaporiser, sachant qu'un kilogramme de houille donne, en brûlant, 7500 unités de chaleur, et que la quantité de chaleur perdue dans le foyer où s'opère la combustion est les 3/5 de la chaleur produite.

25. On veut élever 4000 mètres cubes d'eau en 24 heures à une hauteur de 1m 50, au moyen de pompes qui seront mises en mouvement par une machine à vapeur. On demande de quelle force sera cette machine à vapeur, sachant que les pompes n'utilisent que les 0,60 du travail qui leur est appliqué. On demande, en outre, quelle sera la consommation de combustible à raison de 3k5 par cheval et par heure.

26. Le corps de pompe d'une machine à vapeur a 0m 10 de diamètre intérieur, la course du piston est de 0m 40, et la tension de la vapeur est de 4 atmosphères; le piston donne 75 coups doubles en 68 secondes. On demande la force que cette machine peut mettre à la disposition d'une usine, sachant que les 0,40 du travail de la vapeur sont perdus par les frottements et les autres causes de perte de travail.

27. Dans une scierie mécanique on peut, en tenant compte du temps perdu pour la pose des bois, compter 2 mètres carrés de surface de sciage par cheval et par heure s'il s'agit de bois blanc, et environ un quart en moins s'il s'agit de bois de chêne. On veut monter une scierie qui puisse, en 16 heures de travail journalier, débiter 1000 mètres carrés de bois, moitié chêne, moitié bois blanc. On demande quelle doit être la force de la machine à vapeur à établir.

28. On a déposé, par les procédés galvaniques, 0gr 01 d'argent sur un objet dont la surface est évaluée à 1 décimètre carré. On demande l'épaisseur de la couche déposée. La densité de l'argent est 10,47.

29. En 1580, la déclinaison de l'aiguille aimantée était orientale et sa valeur était de 11°30′. En 1814, elle était occidentale, et valait 22°34′. On demande de combien, en moyenne, elle a varié par année entre ces deux époques.

30. Depuis 1814, la déclinaison de l'aiguille aimantée diminue. En admettant que la variation annuelle moyenne ait la même valeur que la variation annuelle moyenne calculée au problème précédent, on demande à quelle époque la déclinaison sera nulle.

31. La distance de la terre au soleil est d'environ 152,000,000 de kilomètres. On demande le temps qu'emploie la lumière pour nous parvenir du soleil.

32. Une personne prononce quatre syllabes en une seconde. On demande à quelle distance au moins elle devra se placer d'un rocher sur lequel sa voix fait écho, pour qu'elle puisse prononcer quatre syllabes et entendre l'écho de la première.

33. On voit le feu d'une pièce d'artillerie et l'on entend le bruit de l'explosion 4 secondes 7 après. En supposant que le projectile parcoure 260 mètres par seconde, on demande le temps qu'il emploie pour parcourir la distance qui sépare la pièce de l'observateur.

CHIMIE

NOTIONS PRÉLIMINAIRES

123. La chimie est la science qui étudie les phénomènes qui changent la nature des corps [1].

124. Au point de vue de l'étude de la chimie, tous les corps de la nature se divisent en corps *simples* et en corps *composés*. On appelle **corps simples** les corps qui n'ont pu être décomposés jusqu'ici en plusieurs substances, comme le soufre, le phosphore, le fer, etc., et on appelle **corps composés** ceux qui peuvent se décomposer en plusieurs substances, comme l'eau, le sucre, le gaz d'éclairage, etc.

125. Lorsque des corps différents s'unissent pour former un corps nouveau, on dit qu'ils se *combinent*.

126. On connaît aujourd'hui 67 corps simples, que l'on divise en deux groupes : les *métaux* et les corps non métalliques ou *métalloïdes*. Les métaux ont pour caractères physiques [2] de présenter, lorsqu'ils sont polis, un éclat particulier appelé *éclat métallique,* et de bien conduire la chaleur et l'électricité. Les métalloïdes ne possèdent pas habituellement d'éclat, et ne sont bons conducteurs ni de la chaleur ni de l'électricité.

[1] Nous avons vu que la *physique* étudie les phénomènes qui ne changent pas la nature des corps.
[2] Nous en verrons plus loin (217) les caractères chimiques.

127. Les **métalloïdes** sont au nombre de 15. Les principaux sont : l'*hydrogène* ([1]), l'*oxygène*, le *soufre*, le *carbone*, l'*azote*, le *phosphore*, l'*arsenic*, le *chlore*, l'*iode*, le *silicium*.

128. Il y a 52 **métaux**. Les principaux sont : le *potassium*, le *sodium*, le *calcium*, le *baryum*, le *magnésium*, l'*aluminium*, le *manganèse*, le *fer*, le *zinc*, l'*étain*, l'*antimoine*, le *plomb*, le *cuivre*, le *bismuth*, le *mercure*, l'*argent*, l'*or*, le *platine*.

129. On appelle *composés binaires* les corps formés de l'union de deux corps simples; telle est l'eau, qui est formée d'oxygène et d'hydrogène.

Les composés binaires sont des *acides*, des *bases* ou des *corps neutres*.

Les **acides** sont des composés binaires formés le plus souvent par l'union de l'oxygène et d'un autre métalloïde, et ayant la propriété de se combiner avec d'autres composés binaires appelés *bases* pour former des *sels*. Les acides qui sont solubles dans l'eau sont doués d'une saveur aigre et piquante, analogue à celle du vinaigre, et ont la propriété de rougir la teinture bleue de tournesol.

Les **bases** sont des composés binaires formés le plus souvent par l'union de l'oxygène et d'un métal, et ayant la propriété de se combiner avec les acides pour former des *sels*. Les bases qui sont solubles dans l'eau sont douées d'une saveur âcre et désagréable, analogue à celle de la cendre ou de la chaux; ces bases ont en outre la propriété de ramener au bleu la teinture de tournesol rougie par un acide.

Les **corps neutres** sont des corps qui ne sont ni acides, ni bases.

On réunit habituellement sous le nom commun

[1] Les chimistes classent volontiers l'hydrogène parmi les métaux, quoique ce soit un corps gazeux.

d'oxydes les combinaisons non acides de l'oxygène avec un corps simple, en sorte que les oxydes sont ou des bases ou des corps neutres. Les premiers se nomment *oxydes basiques* et les autres *oxydes neutres*.

Certains corps, en se combinant en plusieurs proportions avec l'oxygène, peuvent donner lieu à des acides et à des oxydes. Mais on a constaté que les acides d'un corps simple renferment toujours plus d'oxygène que les oxydes du même corps simple.

QUESTIONNAIRE. — Qu'est-ce que la chimie? — Qu'appelle-t-on corps simples et corps composés? — Donnez des exemples. — Combien connaît-on aujourd'hui de corps simples? — Comment les divise-t-on? — Qu'est-ce qui distingue les métaux des métalloïdes? — Combien y a-t-il de métalloïdes? — Nommez les principaux. — Combien y a-t-il de métaux? — Nommez les principaux. — Qu'appelle-t-on composés binaires? — Comment divise-t-on les composés binaires? — Qu'appelle-t-on acides? — Quelle est la saveur des acides solubles dans l'eau? — Quelle est leur action sur la teinture de tournesol? — Qu'appelle-t-on bases? — Quelle est la saveur des bases solubles? — Quelle est leur action sur la teinture de tournesol rougie par un acide? — Qu'appelle-t-on sels? — Qu'est-ce qu'un corps neutre? — Qu'appelle-t-on généralement oxydes? — Qu'est-ce qu'un oxyde basique, — un oxyde neutre? — Lorsqu'un même corps forme avec l'oxygène des acides et des oxydes, quels sont ceux de ces composés qui contiennent le plus d'oxygène?

NOMENCLATURE DES CORPS COMPOSÉS

130. Pour nommer les corps composés, on est convenu d'employer des termes qui en indiquent la composition. L'ensemble des conventions établies dans ce but forme la *nomenclature chimique*.

131. 1° ACIDES. — Nous avons vu que la plupart des acides sont produits par la combinaison de l'oxygène avec un corps simple. On en forme le nom en ajoutant au nom du corps simple uni à l'oxygène la terminaison *ique*.

Ainsi l'acide formé par la combinaison de l'oxygène avec le carbone se nomme *acide carbonique.*

Si l'oxygène, en s'unissant avec un même corps simple dans deux proportions différentes, forme deux acides, celui des deux qui contient le moins d'oxygène a son nom terminé en *eux,* et celui qui en contient le plus se termine en *ique.* Ainsi l'oxygène forme avec l'arsenic l'*acide arsénieux* et l'*acide arsénique* (¹).

On appelle *acide chlorhydrique* un acide formé par le chlore et l'hydrogène, et *acide sulfhydrique* ou *hydrogène sulfuré* un autre acide formé par le soufre et l'hydrogène.

132. 2° OXYDES. — Il n'y a pas de différence dans la manière de nommer les oxydes basiques et les oxydes neutres. On fait suivre le mot *oxyde* de la particule *de* et du nom du corps simple combiné avec l'oxygène. Ainsi on dit : *oxyde de fer, oxyde d'argent, oxyde de carbone.*

Lorsqu'un même corps simple forme avec l'oxygène plusieurs oxydes, celui qui est le moins oxygéné prend le nom de *protoxyde;* celui qui contient une fois et demie autant d'oxygène que celui-ci s'appelle *sesquioxyde,* et celui qui en contient deux fois autant se nomme *bioxyde.* Ainsi le manganèse forme avec l'oxygène le *protoxyde de manganèse,* le *sesquioxyde de manganèse* et le *bioxyde de manganèse.* Quelquefois le plus oxygéné de tous se nomme *peroxyde;* ainsi, au lieu de dire *bioxyde de manganèse,* on peut dire *peroxyde de manganèse.*

Certains oxydes sont souvent désignés par des noms que l'usage a consacrés. Ainsi on dit :

Potasse, pour oxyde de potassium ; — *soude,* pour oxyde de sodium ; — *baryte,* pour oxyde de baryum ; — *chaux,* pour oxyde de calcium ; — *magnésie,* pour oxyde

_____

(¹) Quelques corps simples forment avec l'oxygène plus de deux acides: ils reçoivent alors des noms que l'usage apprend à connaître.

de magnésium; — *alumine,* pour oxyde d'aluminium.
— On dit aussi *silice,* pour acide silicique.

133. 3° AUTRES COMPOSÉS BINAIRES. — Pour énoncer
les composés binaires ne contenant pas d'oxygène, on
énonce d'abord le nom de l'un des deux corps unis en le
terminant par *ure,* et on le fait suivre de la particule *de*
et du nom de l'autre corps. Ex. : *chlorure de soufre,
sulfure de fer,* etc.

Les combinaisons gazeuses de l'hydrogène avec le carbone, du même corps avec le phosphore et avec l'arsenic,
se nomment *hydrogène carboné, hydrogène phosphoré,
hydrogène arsénié.*

134. 4° SELS. — Un sel est la combinaison d'un acide
et d'une base. Pour nommer un sel on énonce d'abord le
nom de l'acide en changeant la terminaison *ique* en *ate,*
et on le fait suivre de la particule *de* et du nom de la
base. Ainsi, l'acide carbonique et la chaux forment un
sel appelé *carbonate de chaux;* l'acide sulfurique et
l'oxyde de zinc forment le *sulfate d'oxyde de zinc;*
l'acide azotique et l'oxyde de cuivre forment l'*azotate
d'oxyde de cuivre,* etc. (Pour abréger, on dit : *sulfate
de zinc, azotate de cuivre,* etc.)

Quand le nom de l'acide se termine en *eux,* on change
eux en *ite.* Ainsi, l'acide sulfureux et la potasse forment
un sel appelé *sulfite de potasse;* l'acide arsénieux et
l'oxyde de cuivre forment l'*arsénite d'oxyde de cuivre.*
(On dit pour abréger : *arsénite de cuivre.*)

QUESTIONNAIRE. — Qu'est-ce que la nomenclature chimique? —
Comment nomme-t-on les acides? — Donnez des exemples. —
Lorsqu'un même corps forme deux acides avec l'oxygène, par
quelles désinences les distingue-t-on? — Comment nomme-t-on
l'acide formé par le chlore et l'hydrogène, et celui qui est formé
par le soufre et l'hydrogène? — Comment nomme-t-on les oxydes?
— Donnez des exemples. — Qu'appelle-t-on protoxyde. —
sesquioxyde, — bioxyde, — peroxyde? — Qu'est-ce que la potasse,
la soude, la baryte, la chaux, la magnésie, l'alumine, la silice? —

Comment nomme-t-on les composés binaires qui ne contiennent pas d'oxygène? — Donnez des exemples. — Comment nomme-t-on les combinaisons gazeuses que forme l'hydrogène avec le carbone, le phosphore, l'arsenic? — Comment nomme-t-on les sels? — Qu'est-ce que le carbonate de chaux, — le sulfate de fer, — le sulfite de potasse?

DE L'AIR ET DE SES ÉLÉMENTS

I. — Composition de l'air.

135. L'air est le gaz qui constitue l'enveloppe appelée *atmosphère* dont la terre est entourée de toutes parts.

Nous avons vu, dans le cours de physique, que l'air est pesant et qu'il exerce par son poids sur tous les corps qui sont à la surface de la terre une pression que l'on appelle *pression atmosphérique*. Un litre d'air pèse environ 1^{gr}3.

L'air est formé essentiellement d'oxygène et d'azote. Sur 100 parties en volume, il contient 21 parties d'oxygène et 79 d'azote. L'oxygène entre donc pour 1/5 environ dans la composition de l'air, et l'azote pour 4/5 [1]. Ces deux gaz ne sont point combinés, mais simplement mélangés. En outre, l'air renferme 3 à 4 dix-millièmes d'acide carbonique et 1 à 2 centièmes de vapeur d'eau.

QUESTIONNAIRE. — Quelle est la composition de l'air? — Quel est le poids d'un litre d'air?

II. — Oxygène.

136. PROPRIÉTÉS PHYSIQUES. — L'oxygène est un corps simple gazeux, incolore et inodore. Sa densité, par rapport à l'air, est environ 1,1, en sorte qu'un litre de ce gaz pèse 1^{gr}3 $\times$ 1,1 = 1^{gr}43. Il est un peu soluble dans l'eau.

[1] Nous verrons plus loin (143) comment on établit cette composition.

137. PROPRIÉTÉS CHIMIQUES. — L'oxygène a la propriété de se combiner avec la plupart des corps simples. La combustion du soufre, du phosphore, du charbon n'est autre chose que la combinaison de ces corps avec l'oxygène. La combustion du bois, du suif, du gaz d'éclairage, est la combinaison du carbone et de l'hydrogène que contiennent ces substances, avec l'oxygène.

Si l'on fait brûler ces substances dans l'oxygène pur, la combustion se fait avec une grande rapidité en produisant une chaleur considérable et une vive lumière.

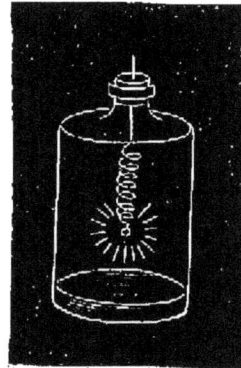

Fig. 41.—Expérience de la combustion du fer dans l'oxygène.

On peut aussi faire brûler dans l'oxygène quelques métaux ; tel est le fer (fig. 41), qui brûle dans l'oxygène pur avec vivacité, en se transformant en oxyde de fer.

On dit qu'un corps est *en combustion* ou bien qu'il *brûle*, lorsque, en se combinant avec un autre, il s'échauffe au point de devenir lumineux. Les combustions ordinaires qui s'accomplissent autour de nous sont dues aux combinaisons des divers corps combustibles avec l'oxygène. Le produit de la combustion d'un corps, comme d'ailleurs celui de toute combinaison chimique, est un nouveau corps ayant des propriétés différentes de celles des éléments qui le forment. Ainsi l'acide carbonique, composé provenant de la combinaison de l'oxygène et du carbone, est un gaz qui ne présente ni les propriétés du carbone ni celles de l'oxygène. — Le changement de propriétés qu'éprouvent les corps qui se combinent distingue essentiellement une *combinaison* d'un *mélange*, simple rapprochement de particules de corps différents, qui ne s'associent pas, et conservent leurs propriétés respectives.

La combinaison de certains métaux avec l'oxygène peut se faire sans l'influence de la chaleur. Ainsi, le fer

et le cuivre, exposés à l'air humide, se rouillent, c'est-à-
dire se combinent avec l'oxygène de l'air et deviennent
des oxydes.

138. Préparation de l'oxygène. — Le moyen le plus
simple pour obtenir de l'oxygène consiste à décomposer

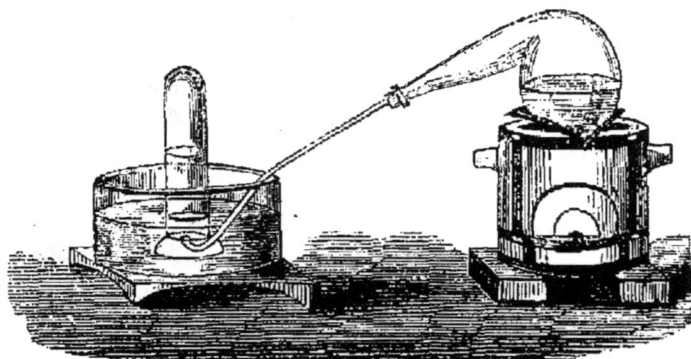

Fig. 42. — Préparation de l'oxygène.

le *chlorate de potasse* par la chaleur (fig. 42). Ce sel
est composé d'acide chlorique et de potasse ou oxyde de
potassium. L'acide chlorique lui-même est composé de
chlore et d'oxygène, et la potasse est formée de potassium et encore d'oxygène. Il y a donc dans le chlorate
de potasse trois corps simples différents : le chlore,
l'oxygène, le potassium. La chaleur en fait dégager tout
l'oxygène, en sorte qu'il ne reste plus qu'un composé
de chlore et de potassium, c'est-à-dire du chlorure de
potassium.

Pour recueillir l'oxygène, on chauffe le chlorate de
potasse dans une cornue ou un ballon fermé dont le
bouchon est traversé par un tube recourbé. L'extrémité
de ce tube plonge dans l'eau et débouche au-dessous
d'une éprouvette ou petite cloche remplie aussi d'eau et
plongeant dans ce liquide. L'oxygène remplit peu à peu
l'éprouvette, en faisant descendre l'eau qui s'y trouve.

139. État naturel de l'oxygène. — L'oxygène est

l'élément le plus important de la nature. Nous avons vu que, mêlé avec l'azote, il forme l'air; combiné avec l'hydrogène, il constitue l'eau; combiné avec l'hydrogène et le carbone, il forme le plus grand nombre des substances végétales; avec les mêmes corps et l'azote en plus, il forme presque tous les tissus et les produits des animaux; enfin, il entre dans la composition de la plupart des matières minérales : sable, argile, pierres, minerai de fer, etc.

140. RESPIRATION DES ANIMAUX. — L'oxygène de l'air est l'agent de la respiration des animaux. En effet, si l'on emprisonne un animal dans un espace ne contenant pas d'oxygène, on ne tarde pas à le voir périr. Au contraire, si on le plonge dans de l'oxygène pur, on le voit s'agiter et respirer avec vivacité. Mais l'action de l'oxygène pur étant beaucoup trop forte, ses organes s'usent en peu de temps, et il meurt épuisé.

L'oxygène introduit dans les organes des animaux par la respiration se combine avec le carbone et l'hydrogène que contiennent ces organes ou qui proviennent des aliments, en produisant de l'acide carbonique et de l'eau. Il s'accomplit donc dans le corps des animaux une véritable combustion de carbone et d'hydrogène. Cette combustion est la cause de la chaleur animale.

L'oxygène de l'air étant transformé par la respiration de l'homme en acide carbonique et en vapeur d'eau, il est indispensable de renouveler fréquemment l'air des appartements où se tiennent réunies un grand nombre de personnes, afin de chasser l'air vicié et appauvri en oxygène pour le remplacer par de l'air pur.

QUESTIONNAIRE. — Énumérez les propriétés de l'oxygène. — Quel est le caractère distinctif de l'oxygène? — Qu'entend-on, d'une manière générale, par combustion d'un corps? — Que sont les combustions ordinaires qui s'accomplissent autour de nous?

3.

— Quel est le caractère essentiel de toute combinaison chimique?
— A quoi est due la formation de la rouille sur les métaux? —
Comment peut-on obtenir de l'oxygène? — Citez des composés
naturels contenant de l'oxygène. — Quelle est l'action de l'oxygène
sur les animaux? — Quelle est la cause de la chaleur animale? —
Pourquoi faut-il renouveler fréquemment l'air des appartements
habités?

III. — Azote.

141. PROPRIÉTÉS PHYSIQUES. — L'azote est, comme
l'oxygène, un corps simple gazeux, incolore et inodore.
Sa densité, par rapport à l'air, est 0,971. Il est encore
moins soluble dans l'eau que l'oxygène.

142. PROPRIÉTÉS CHIMIQUES. — L'azote est impropre
à la combustion; car un corps enflammé plongé dans ce
gaz s'y éteint aussitôt. Il est aussi impropre à la respiration, car un animal vivant qui y est introduit périt
promptement. Sa présence dans l'air a pour effet de
tempérer l'action trop énergique de l'oxygène.

143. PRÉPARATION. — On obtient de l'azote en faisant
brûler du phosphore dans une cloche remplie d'air et

Fig. 43.—Préparation de l'azote.

dont les bords plongent dans
l'eau (fig. 43); le phosphore, en
brûlant, se combine avec l'oxygène de l'air et produit de l'acide
phosphorique. Cet acide apparaît
sous la forme de fumées blanches
épaisses; mais, peu à peu, il se
dissout dans l'eau, et l'azote reste
seul dans la cloche.

A la fin de l'expérience, on
constate que l'eau a monté dans la cloche et que le volume
d'azote restant représente environ les 4/5 du volume
primitif; l'oxygène en représentait donc le cinquième.

144. État naturel. — Outre que l'azote est un des éléments de l'air, il entre encore dans la composition d'un certain nombre de substances végétales ; il entre aussi dans la composition de la plupart des substances animales. En général, un aliment a une valeur nutritive d'autant plus grande qu'il contient une plus forte proportion de matière azotée.

Questionnaire. — Énumérez les propriétés physiques de l'azote. — Comment prouve-t-on que l'azote est impropre à la combustion ? — Comment prouve-t-on qu'il est impropre à la respiration des animaux ? — Quel est le rôle de l'azote dans l'air ? — Comment obtient-on l'azote ? — Citez des produits naturels contenant de l'azote.

HYDROGÈNE — EAU

I. — Hydrogène.

145. Propriétés physiques. — L'hydrogène est un corps simple gazeux, incolore et inodore quand il est pur. Sa densité par rapport à l'air est 0,0692, en sorte qu'il pèse environ 14 fois et demie moins que l'air. Cette grande légèreté le fait employer quelquefois au gonflement des ballons.

L'hydrogène est encore moins soluble dans l'eau que l'oxygène et l'azote.

146. Propriétés chimiques. — L'hydrogène a la propriété de brûler à l'air avec une flamme pâle (1), en se combinant avec l'oxygène et en produisant de la vapeur d'eau.

Pour mettre en évidence la production de vapeur d'eau dans cette expérience, il suffit de placer, au-dessus de la flamme de l'hydrogène en combustion, une cloche à parois

(1) Une flamme est toujours un gaz en combustion.

froides. On voit immédiatement les parois de la cloche se
ternir par le dépôt de vapeur d'eau condensée. Cette simple
expérience réalise ainsi la *synthèse* de l'eau, c'est-à-dire
l'opération par laquelle on obtient ce corps, en faisant combiner les éléments qui le composent.

La facilité avec laquelle l'hydrogène se combine avec
l'oxygène est démontrée par l'expérience suivante :

On introduit dans un flacon 2 volumes d'hydrogène et
1 volume d'oxygène, et l'on présente à l'orifice de ce
flacon une bougie allumée; aussitôt, les deux gaz se
combinent en produisant une violente détonation. La
détonation se produit aussi, si l'on fait passer dans le
mélange des deux gaz une étincelle électrique.

147. PRÉPARATION. — On peut obtenir de l'hydrogène
en faisant passer de la vapeur d'eau dans un tube contenant du fer et chauffé au rouge (fig. 44). L'eau, au

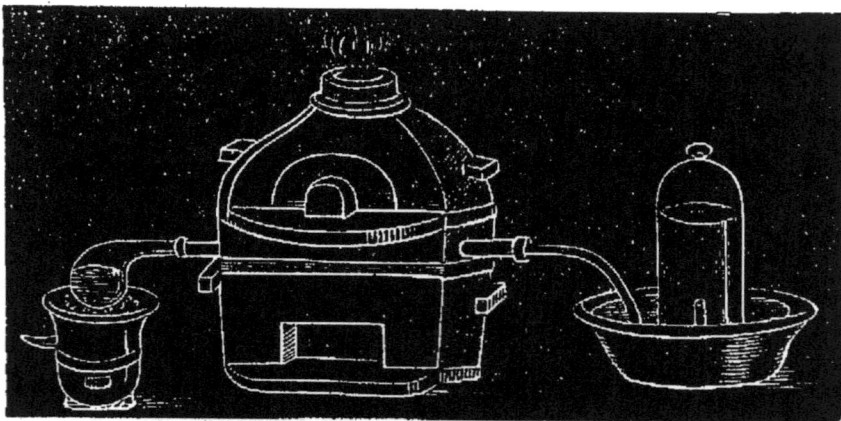

Fig. 44. — Préparation de l'hydrogène par la décomposition de l'eau.

contact du fer échauffé, se décompose en oxygène et en
hydrogène; l'oxygène s'unit au fer en formant de l'oxyde
de fer, et l'hydrogène se dégage.

On obtient encore de l'hydrogène en mettant dans un
flacon de l'eau, de l'acide sulfurique et du zinc ou du
fer (fig. 45). Sous l'influence de l'acide sulfurique et du

zinc, l'oxygène et l'hydrogène de l'eau se séparent;
l'oxygène s'unit au zinc en formant de l'oxyde de zinc;

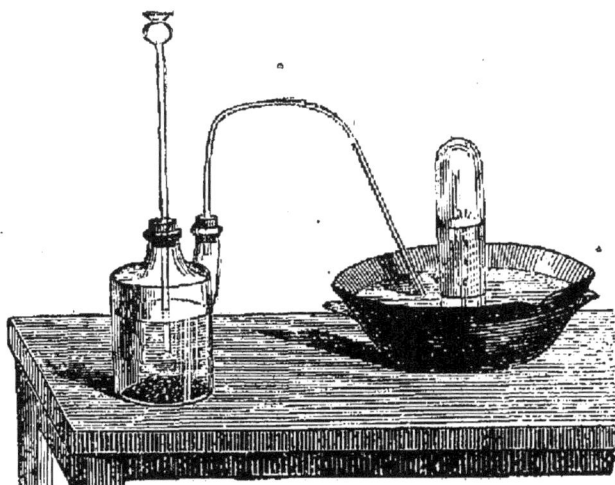

FIG. 45. — Préparation de l'hydrogène.

l'acide sulfurique se combine avec cet oxyde et forme du
sulfate de zinc; l'hydrogène se dégage.

148. ÉTAT NATUREL. — L'hydrogène est très répandu
dans la nature, mais à l'état de combinaison avec d'autres
corps. Il est un des éléments de l'eau, dont il forme la
neuvième partie en poids, et il entre dans la composition
de toutes les substances végétales et animales.

QUESTIONNAIRE. — Énumérez les propriétés physiques de l'hydrogène. — Quel est le caractère distinctif de ce corps? — En quoi
consiste la synthèse de l'eau? — Décrivez l'expérience du mélange
détonant. — Comment peut-on obtenir l'hydrogène? — Citez des
composés naturels contenant de l'hydrogène.

II. — Eau.

149. COMPOSITION. — L'eau est un composé d'oxygène et d'hydrogène; elle contient, pour 1 partie en poids
d'hydrogène, 8 parties d'oxygène. Mais si l'on sépare ces
deux gaz, on trouve que le volume occupé par l'hydrogène

est le double du volume occupé par l'oxygène, en sorte qu'on peut dire que l'eau est formée de 2 volumes d'hydrogène pour 1 d'oxygène.

Séparer l'oxygène et l'hydrogène de l'eau, c'est en faire l'*analyse*. Plusieurs procédés peuvent être employés pour analyser l'eau. L'un des plus simples est celui qui consiste dans l'expérience décrite au cours de physique (85).

L'hydrogène et l'oxygène, en se combinant, produisent d'abord de la vapeur d'eau, et il est à remarquer que le volume de cette vapeur d'eau est précisément égal à celui de l'hydrogène seul. Si, par, exemple, on fait combiner 2 litres d'hydrogène avec 1 litre d'oxygène, il se produit 2 litres de vapeur d'eau.

150. Propriétés physiques. — L'eau pure est liquide à la température ordinaire ; elle est inodore, sans saveur et sans couleur. Cependant, sous une grande épaisseur,

Fig. 46. — Appareil distillatoire.

elle paraît verte. Elle se congèle à la température de 0 degré et bout à 100 degrés. Elle est capable de dissoudre un grand nombre de corps solides, liquides et gazeux. Aussi l'eau que l'on rencontre dans la nature n'est-elle jamais pure, parce qu'elle contient toujours en dissolution différentes substances qu'elle a empruntées soit à l'air, soit au sol.

Pour séparer l'eau des substances qu'elle tient en dissolution, on la distille, c'est-à-dire on la fait bouillir et on en conduit la vapeur dans un tube enroulé ou serpentin au milieu d'un vase rempli d'eau froide (fig. 46); la vapeur, se refroidissant dans le serpentin, s'y condense et repasse à l'état liquide. Quant aux substances tenues en dissolution dans l'eau, elles restent dans le vase où se produit l'ébullition.

151. PROPRIÉTÉS CHIMIQUES. — L'eau a la propriété de se combiner avec la plupart des bases et des acides; on dit alors que ces bases ou ces acides sont *hydratés*. Ainsi, on appelle *acide sulfurique hydraté, chaux hydratée,* etc., des combinaisons d'acide sulfurique et d'eau, de chaux et d'eau, etc.

Nous avons vu (147) que l'eau se décompose au contact du fer chauffé au rouge. Il y a certains métaux, comme le potassium, qui la décomposent même à froid. Le métal s'unit toujours à l'oxygène en formant un oxyde, et l'hydrogène se dégage.

152. ÉTAT NATUREL. — L'eau est très abondamment répandue dans la nature, où elle se présente sous les trois états : *solide, liquide* et *gazeux*.

Le rôle de l'eau dans la nature est extrêmement considérable. C'est, en effet, par son intermédiaire que les matériaux nutritifs des êtres vivants peuvent pénétrer dans leurs tissus et s'y fixer. D'ailleurs, aucun organe, soit des animaux, soit des végétaux, ne pourrait accomplir ses fonctions, s'il n'était imbibé d'eau.

Dans le règne minéral, le rôle de l'eau est encore très important. S'élevant incessamment de la mer à l'état de vapeur, elle se précipite ensuite sur la terre sous la forme de pluie ou de neige; alimente les sources et les cours d'eau; donne lieu aux torrents, aux glaciers et aux avalanches; dissout ou désagrège les matériaux du sol et en charrie les débris au loin; détruit d'une part pendant qu'elle édifie d'une autre, et produit ainsi des changements incessants dans le relief du sol, ainsi que dans la configuration des continents.

153. Les eaux bonnes à boire sont appelées *eaux potables*. Pour qu'une eau soit potable, il faut : 1° qu'elle ne contienne aucune matière animale ou végétale en décomposition; 2° qu'elle soit aérée, c'est-à-dire qu'elle ait dissous de l'air et surtout de l'oxygène; 3° qu'elle ne contienne qu'une petite quantité de substances solides en dissolution. On reconnaît que ces conditions sont remplies si l'eau est limpide, sans couleur, sans odeur, si elle est agréable à boire, si elle cuit bien les légumes, et si elle ne forme pas de grumeaux blancs avec le savon.

L'eau qui ne cuit pas bien les légumes et qui ne dissout pas bien le savon est chargée d'une trop forte proportion de sulfate ou de carbonate de chaux (¹); cette eau n'est pas bonne à boire. Mais on en fait disparaître les propriétés nuisibles en y dissolvant une petite quantité de carbonate de soude (3 grammes par litre environ), et en ayant soin de la laisser reposer ensuite pour la séparer du dépôt qui se rassemble au fond du vase.

Les eaux de marais, d'étang ou de mare sont presque toujours chargées de matières étrangères en putréfaction. On ne doit les employer pour la boisson et pour la préparation des aliments qu'après les avoir filtrées (²).

L'eau se charge quelquefois, dans le sein de la terre,

(¹) Le sulfate de chaux est la substance du plâtre, le carbonate est celle de la pierre à bâtir et de la craie. — La présence, dans une eau potable, de la première de ces deux substances est toujours nuisible. Quant au carbonate de chaux, il n'est nuisible que si la proportion en est considérable.

(²) On filtre l'eau en la faisant passer à travers des couches alternatives de sable et de charbon disposées dans un vase quelconque en terre, ou dans un vase de bois dont la paroi intérieure a été préalablement carbonisée.

de substances qui lui donnent la propriété de guérir certaines maladies. On la nomme alors *eau minérale* ou *médicinale*. Telles sont les eaux de Vichy, des Pyrénées, du Mont-Dore, etc.

Quelques eaux minérales ont, en sortant de la terre, une température élevée. On les nomme *eaux thermales*. Telles sont les eaux de Barèges, certaines sources de Vichy, etc.

QUESTIONNAIRE. — Quelle est la composition de l'eau? — Exprimez cette composition : 1° en poids; 2° en volume. — Citez un procédé d'analyse de l'eau. — Quel rapport y a-t-il entre le volume de la vapeur d'eau et les volumes de l'oxygène et de l'hydrogène qui entrent dans la composition de cette vapeur? — Énumérez les propriétés physiques de l'eau. — Rencontre-t-on de l'eau pure dans la nature? — Qu'est-ce que distiller l'eau? — Comment cette opération se fait-elle? — Qu'entend-on par substances hydratées? — Certains métaux peuvent-ils décomposer l'eau? — En quoi consiste cette décomposition? — Dans quelle circonstance le fer peut-il décomposer l'eau? — Dans quelle circonstance le potassium peut-il la décomposer? — A quels états l'eau se présente-t-elle dans la nature? — Donnez une idée de l'importance du rôle qu'elle y joue. — Qu'appelle-t-on eau potable? — Quelles conditions l'eau doit-elle remplir pour être potable? — Comment reconnaît-on que ces conditions sont remplies? — Comment les eaux trop calcaires peuvent-elles être rendues potables? — Quelles sont les eaux qui ont besoin d'être filtrées? — Comment fait-on cette opération? — Qu'appelle-t-on eau minérale ou médicinale? — Qu'appelle-t-on eau thermale?

PRINCIPAUX COMPOSÉS DE L'AZOTE

I. — Acide azotique.

154. COMPOSITION ET PROPRIÉTÉS. — L'azote forme avec l'oxygène plusieurs combinaisons. La plus importante est l'*acide azotique*, appelé quelquefois *acide nitrique*.

Le liquide que l'on emploie dans l'industrie et dans les expériences de chimie sous le nom d'acide azotique est toujours de l'acide azotique hydraté, c'est-à-dire combiné avec l'eau. Ce liquide est incolore lorsqu'il est pur; il rougit fortement la teinture de tournesol, répand des fumées à l'air et tache la peau en jaune. On l'appelle vulgairement *eau forte*.

On reconnaît facilement l'acide azotique à son action sur le cuivre. Au contact de ce métal, une partie de l'acide se décompose pour fournir de l'oxygène au cuivre et le transformer en oxyde de cuivre; l'autre partie de l'acide s'unit à cet oxyde et forme de l'azotate de cuivre. Ce dernier corps se dissout dans l'eau qui accompagne l'acide azotique. Quant à l'acide décomposé, il se transforme au contact de l'air en un corps gazeux rouge appelé *acide hypoazotique* [1].

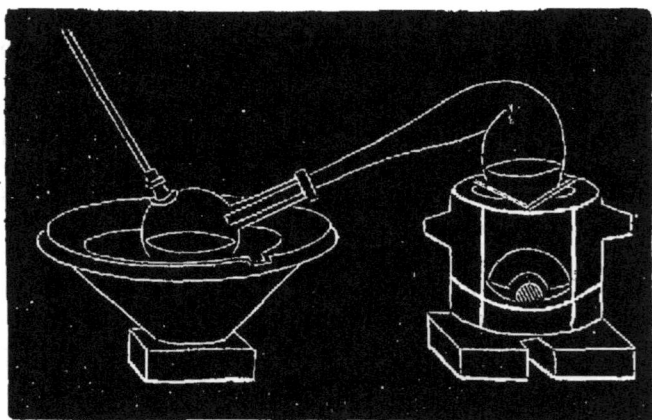

Fig. 47. — Préparation de l'acide azotique.

155. PRÉPARATION. — On prépare l'acide azotique en chauffant un mélange d'azotate de soude et d'acide sulfurique. Ce dernier corps chasse l'acide azotique de l'azotate de soude et, se combinant avec la soude, forme du sulfate de soude. L'acide azotique se dégage à l'état gazeux; on l'amène dans un vase froid, où il se condense (fig. 47).

156. USAGES. — L'acide azotique est employé par les graveurs sur cuivre et sur pierre. Il sert à préparer

[1] C'est un composé d'oxygène et d'azote renfermant moins d'oxygène que l'acide azotique, mais plus que l'acide azoteux.

l'acide sulfurique, le coton-poudre, le collodion (¹), la
pierre infernale (²), la dynamite (³). On l'emploie à
teindre en jaune la soie et les plumes et à décaper les
métaux, c'est-à-dire à en nettoyer la surface.

Comme cet acide est un violent poison, on ne doit le
manier qu'avec les plus grandes précautions.

157. ÉTAT NATUREL. — L'acide azotique n'existe dans
la nature qu'à l'état d'azotate, c'est-à-dire combiné avec
des bases. L'azotate le plus connu est l'*azotate de potasse*
ou *salpêtre*, dont nous nous occuperons plus tard. L'azotate de soude, que l'on trouve en abondance dans l'Amérique du sud, sert à la préparation de l'acide azotique.

QUESTIONNAIRE. — Qu'appelle-t-on acide azotique ou nitrique?
— Qu'est réellement l'acide azotique du commerce? — Quels sont
les caractères distinctifs de cet acide? — Quelle est l'action de
l'acide azotique sur le cuivre? — Comment prépare-t-on l'acide
azotique? — Citez quelques emplois de cet acide. — A quel état
l'acide azotique existe-t-il dans la nature?

II. — Ammoniaque.

158. COMPOSITION ET PROPRIÉTÉS. — L'ammoniaque
est le corps formé par la combinaison de l'azote et de
l'hydrogène. C'est un gaz incolore doué d'une odeur vive
et piquante, très soluble dans l'eau. Sa dissolution est
connue sous le nom d'*ammoniaque liquide* ou *alcali
volatil*.

L'ammoniaque unie avec l'eau est une véritable base
susceptible de se combiner avec les acides pour former
des sels. De même que les bases solubles, elle a la propriété de ramener au bleu la teinture de tournesol rougie
par les acides.

(1) Substance employée par les photographes (V. la note de la p. 143).
(2) Azotate d'argent.
(3) Produit explosif (V. la note de la p. 141).

La présence de l'ammoniaque dans un lieu peut se reconnaître facilement. Il suffit d'y exposer une baguette trempée dans de l'acide chlorhydrique. S'il y a de l'ammoniaque en cet endroit, elle se combine immédiatement avec l'acide chlorhydrique en produisant des fumées blanches épaisses, qui sont du *chlorhydrate d'ammoniaque.*

L'ammoniaque gazeuse est susceptible de se liquéfier lorsqu'elle est soumise à une forte compression. Si, ensuite, on la laisse reprendre l'état gazeux, elle absorbe une grande quantité de chaleur et peut produire un froid très considérable.

L'ammoniaque et le carbonate d'ammoniaque se produisent toutes les fois que des matières animales se putréfient. L'odeur piquante qui se dégage des fosses d'aisances, des écuries, des urinoirs, est due à ces produits.

159. PRÉPARATION. — Pour les expériences de laboratoire, on extrait l'ammoniaque du corps appelé vulgairement *sel ammoniac.* Ce corps est du chlorhydrate d'ammoniaque, c'est-à-dire une combinaison d'acide chlorhydrique et d'ammoniaque. On chauffe un mélange de chlorhydrate d'ammoniaque et de chaux; alors l'acide chlorhydrique du chlorhydrate d'ammoniaque se sépare de l'ammoniaque et se décompose : son hydrogène s'unit à l'oxygène de la chaux pour former de l'eau, et le chlore s'unit au calcium pour former du chlorure de calcium ; l'ammoniaque devenue libre se dégage. Il se forme donc de l'eau, du chlorure de calcium et de l'ammoniaque.

Le tableau suivant résume la réaction :

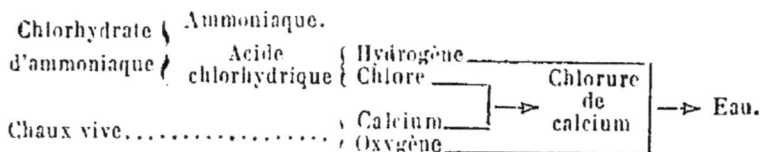

Chlorhydrate {	Ammoniaque.			
d'ammoniaque {	Acide chlorhydrique {	Hydrogène		
		Chlore	Chlorure de calcium	→ Eau.
Chaux vive.............. {	Calcium			
	Oxygène			

Industriellement, l'ammoniaque s'extrait des eaux de lavage du gaz d'éclairage.

160. USAGES. — La dissolution d'ammoniaque est fréquemment employée dans les expériences de chimie. Elle sert dans la teinture et pour le dégraissage des étoffes. Appliquée à temps sur la morsure d'une vipère ou la piqûre d'une abeille, elle peut arrêter l'action du venin laissé dans la plaie. Le froid considérable que produit l'ammoniaque en s'évaporant est appliqué à la préparation de la glace artificielle.

L'ammoniaque très étendue d'eau est employée pour combattre la météorisation ou empansement des animaux herbivores. On donne ce nom au gonflement du ventre qui se produit chez ces animaux lorsqu'ils ont mangé une trop grande quantité d'herbe fraîche ; la fermentation qui s'opère pendant la digestion produit des gaz nombreux de nature acide qui distendent les organes de l'animal et peuvent l'asphyxier. L'ammoniaque se combine avec ces gaz et les fait disparaître en formant des composés solubles dans les liquides de l'estomac.

QUESTIONNAIRE. — Qu'est-ce que l'ammoniaque? — Énumérez les propriétés physiques de ce corps? — Qu'est-ce qu'on appelle alcali volatil? — Avec quelles sortes de corps l'ammoniaque peut-elle s'unir? — Quelle est son action sur le tournesol rougi par un acide? — Comment peut-on reconnaître la présence de l'ammoniaque dans un lieu? — Quel est le phénomène qui accompagne l'évaporation rapide de l'ammoniaque liquéfiée? — Dans quelle circonstance l'ammoniaque se produit-elle spontanément? — Comment prépare-t-on l'ammoniaque? — Citez des emplois de ce corps? — Qu'appelle-t-on météorisation des animaux? — Comment peut-on combattre cette maladie?

CARBONE ET SES COMPOSÉS

I. — Carbone.

161. Le carbone est un corps simple ; c'est l'élément essentiel des charbons.

On peut diviser les différentes sortes de charbons en

deux groupes : les charbons naturels et les charbons artificiels.

Les principaux charbons naturels sont : le *diamant,* le *graphite* ou *plombagine* et la *houille.*

Les principaux charbons artificiels sont : le *coke,* le *charbon de bois,* le *noir de fumée* et le *noir animal.*

A quelque état qu'existe le charbon, c'est toujours un corps solide, incapable d'être fondu par la chaleur, insoluble dans l'eau et dans tous les liquides, sauf dans la fonte de fer en fusion.

162. Diamant. — Le diamant est du carbone pur et cristallisé ([1]); c'est le plus dur des corps, car il les raye tous et ne se laisse rayer par aucun. Il est généralement incolore et transparent.

On prouve que le diamant est du carbone pur en le faisant brûler dans l'oxygène; on constate que le produit de la combustion est de l'acide carbonique, comme lorsqu'on fait brûler toute autre espèce de charbon.

Le diamant est employé comme objet de parure. Il sert à couper le verre, et sa poussière est utilisée pour polir les pierres précieuses.

163. Graphite. — Le *graphite* ou *plombagine* est un mélange de charbon et d'une petite quantité de matières terreuses et ferrugineuses. Cette substance a l'aspect métallique; elle est douce au toucher et laisse par son frottement sur le papier une tache grise brillante.

On emploie la plombagine à la confection des crayons, et on en recouvre le fer et la fonte pour les préserver de la rouille.

164. Houille. — La houille ou charbon de terre est un charbon naturel provenant de la décomposition de végétaux enfouis dans le sol à une époque très reculée.

([1]) On appelle *corps cristallisés* ceux dont les parties se disposent régulièrement en affectant des formes géométriques.

Cette substance forme dans certains pays des couches très étendues. Elle est souvent imprégnée de matières bitumineuses.

On appelle *houilles grasses* celles qui sont très riches en matières bitumineuses; on les reconnaît à ce qu'elles se ramollissent en brûlant, en sorte que les fragments incandescents s'agglutinent entre eux.

On appelle *houilles maigres* ou *houilles sèches* les houilles pauvres en matières bitumineuses; ces houilles ne se ramollissent pas en brûlant; elles produisent moins de chaleur que les houilles grasses.

Outre la houille proprement dite, on emploie souvent, pour alimenter les grands fourneaux, un charbon de terre appelé *anthracite*. Ce charbon est compact et difficile à allumer, mais il produit une grande chaleur.

165. COKE. — Le coke est le résidu que l'on obtient en chauffant la houille à l'abri du contact de l'air. C'est une sorte de charbon spongieux et léger qui s'allume difficilement, mais qui produit beaucoup de chaleur sans dégager d'odeur désagréable.

166. CHARBON DE BOIS. — Le charbon de bois est le résidu de la combustion incomplète du bois ou de sa calcination à l'abri du contact de l'air.

Ce charbon a la propriété d'absorber par les pores dont il est criblé les gaz avec lesquels on le met en contact. Cette propriété le fait employer comme désinfectant. On en construit des filtres pour purifier les eaux rendues malsaines par la présence de matières animales ou végétales en décomposition. On enlève à la viande la mauvaise odeur qu'elle prend durant les chaleurs, en plongeant des charbons ardents dans l'eau où on la fait cuire. On fait disparaître de la même manière le commencement d'aigreur du bouillon et du vin.

167. NOIR DE FUMÉE. — Le noir de fumée est une

poussière noire que l'on obtient en faisant brûler incomplètement des matières grasses ou résineuses, et en recueillant les fumées qui s'en échappent. Cette substance est employée dans la peinture en noir, dans la fabrication de l'encre d'imprimerie, de l'encre de Chine, des crayons à dessin, etc.

168. NOIR ANIMAL. — On obtient le noir animal en calcinant des os en vase clos et en les broyant ensuite. Ce charbon a la propriété d'absorber les matières colorantes d'origine organique (¹). On l'emploie pour décolorer les sirops, les huiles, les vinaigres. C'est surtout dans les raffineries de sucre qu'on en fait un grand usage.

Le noir animal est encore employé en peinture sous le nom de *noir d'ivoire*.

169. ÉTAT NATUREL DU CARBONE. — Le carbone est la partie essentielle des divers charbons que l'on vient d'énumérer. Il existe encore dans l'air à l'état d'*acide carbonique,* et dans la terre à l'état de *carbonate de chaux*. Nous avons vu que, combiné avec l'oxygène, l'hydrogène et l'azote, il sert à former toutes les substances végétales et animales.

QUESTIONNAIRE. — Qu'est-ce que le carbone? — Comment peut-on diviser les différentes sortes de charbons? — Énumérez les principaux charbons naturels ainsi que les principaux charbons artificiels? — Quelles sont les propriétés physiques communes à toutes ces sortes de charbons? — Qu'est-ce que le diamant? — Comment peut-on prouver que ce corps est du carbone? — Quels en sont les usages? — Qu'est-ce que le graphite? — A quels usages cette substance est-elle employée? — Qu'est-ce que la houille? — Quels sont les caractères des houilles grasses et des houilles maigres? — Qu'est-ce que l'anthracite? — Qu'est-ce que le coke? — Quel avantage présente l'emploi de ce charbon comme combustible? — En quoi consiste le charbon de bois? — Comment le fabrique-t-on? — Quelle est la propriété remarquable que possède le charbon de bois? — A quels usages cette propriété le fait-elle

----

(¹) On entend par *substances organiques* toutes les substances végétales et animales.

employer? — Qu'est-ce que le noir de fumée? — Comment le fabrique-t-on? — Quels en sont les emplois? — Comment obtient-on le noir animal? — Quelle est la propriété importante que possède cette substance? — Quels en sont les emplois? — Citez des composés naturels contenant du carbone.

II. — Acide carbonique.

170. Le carbone forme avec l'oxygène deux composés : l'*acide carbonique* et l'*oxyde de carbone;* nous nous occuperons d'abord de l'acide carbonique.

171. PROPRIÉTÉS PHYSIQUES. — L'acide carbonique est un corps gazeux, sans couleur, doué d'une odeur légèrement piquante quand on le respire en quantité un peu considérable. Il pèse environ une fois et demie autant que l'air; il est notablement soluble dans l'eau, à laquelle il donne une saveur légèrement aigrelette.

172. PROPRIÉTÉS CHIMIQUES. — L'acide carbonique se reconnaît à sa propriété de rougir la teinture de tournesol et au trouble qu'il fait naître dans l'eau de chaux. Ce trouble est dû à ce qu'il se combine avec la chaux en formant du carbonate de chaux, composé insoluble qui rend l'eau blanchâtre. Cependant, un excès d'acide carbonique fait disparaître ce trouble en rendant le carbonate de chaux soluble.

173. ACTION DE L'ACIDE CARBONIQUE SUR LES ANIMAUX. — L'acide carbonique mêlé avec l'air en petite proportion peut être respiré sans danger; mais, lorsqu'il s'y trouve mêlé en proportion considérable, il est capable d'asphyxier les hommes et les animaux. Aussi est-il dangereux de faire brûler du charbon dans une salle fermée, parce que le charbon, en brûlant, se combine avec l'oxygène de l'air et produit de l'acide carbonique. Il est également dangereux de descendre dans des cuves où fermente du vin, du cidre ou de la bière, parce que la fermentation de ces liquides dégage de grandes quantités d'acide carbonique.

Dans certaines localités, il s'échappe de l'acide carbonique par les fissures du sol. Comme ce gaz est plus lourd que l'air, il peut s'accumuler au fond des puits, des caves abandonnées ou d'autres cavités profondes. Quand on a besoin de pénétrer dans de semblables lieux et que l'on soupçonne la présence de l'acide carbonique, il faut se faire précéder par une bougie allumée tenue au bout d'un long bâton ou suspendue à une corde. Si la bougie pâlit ou si elle s'éteint, on est averti qu'il y aurait danger à aller plus loin avant d'avoir renouvelé l'air.

174. Préparation. — On prépare l'acide carbonique en faisant agir l'acide sulfurique ou l'acide chlorhydrique

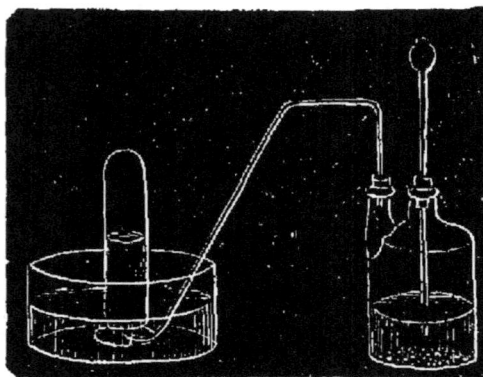

Fig. 48. — Préparation de l'acide carbonique.

sur du marbre (fig. 48). Ce dernier corps est du carbonate de chaux, c'est-à-dire un composé d'acide carbonique et de chaux. L'acide versé sur le marbre se combine avec la chaux en prenant la place de l'acide carbonique, qui se dégage. Au lieu de marbre, on peut employer de la craie ou un morceau de pierre ordinaire, substances formées aussi de carbonate de chaux.

175. État naturel. — L'acide carbonique existe toujours en petite quantité dans l'air. Nous avons vu que les animaux en dégagent constamment par leur respiration, tandis que les végétaux le décomposent sous l'influence de la lumière, retiennent le carbone et rejettent l'oxygène.

L'acide carbonique existe aussi en dissolution dans toutes les eaux qui circulent à la surface de la terre, ou qui se trouvent dans son intérieur. Combiné avec la chaux, il forme d'immenses dépôts de carbonate de chaux, connus sous les noms de *pierre à bâtir, craie, marbre*.

176. Usages. — L'acide carbonique est employé dans la fabrication de l'eau de Seltz artificielle, des vins mousseux, des limonades gazeuses. C'est sa présence dans ces liqueurs qui les rend mousseuses. Lorsqu'on débouche les bouteilles qui les contiennent, l'acide carbonique qui s'y trouve dissous reprend l'état gazeux, se dégage sous forme de bulles et forme une écume plus ou moins abondante.

Questionnaire. — Quelle est la composition de l'acide carbonique? — Énumérez les propriétés physiques de cet acide. — Quel est le caractère distinctif de l'acide carbonique? — Quelle est l'action de cet acide sur les animaux? — Citez des circonstances où l'acide carbonique, se produisant en grande quantité, peut rendre l'air irrespirable. — Quelle précaution doit-on prendre quand on pénètre dans un lieu où l'on soupçonne la présence de l'acide carbonique? — Comment prépare-t-on ce composé? — A quelles causes peut-on attribuer la présence de l'acide carbonique dans l'air? — Quel est le phénomène naturel qui tend à le faire disparaître? — A quels états l'acide carbonique existe-t-il encore dans la nature? — L'acide carbonique a-t-il quelque emploi?

III. — Oxyde de carbone.

177. L'oxyde de carbone est formé, comme l'acide carbonique, de carbone et d'oxygène; il en diffère en ce que, pour une même quantité de carbone, il contient deux fois moins d'oxygène.

178. Propriétés physiques. — De même que l'acide carbonique, l'oxyde de carbone est un gaz incolore et inodore; mais il est notablement plus léger et est très peu soluble dans l'eau.

179. PROPRIÉTÉS CHIMIQUES. — Ce composé n'a point de propriétés acides : il ne s'unit point aux bases; il ne rougit point la teinture de tournesol. En présence de l'oxygène ou de l'air, il brûle avec une flamme bleu pâle, très chaude; il s'unit alors avec une quantité d'oxygène égale à celle qu'il contient déjà et se transforme en acide carbonique.

180. ACTION DE L'OXYDE DE CARBONE SUR LES ANIMAUX. — L'oxyde de carbone est de beaucoup plus dangereux à respirer que l'acide carbonique. Quelques centièmes seulement de ce gaz mêlés avec l'air suffisent pour le rendre irrespirable. Il s'en dégage toujours une petite quantité en même temps que l'acide carbonique dans la combustion du charbon. Voilà pourquoi l'atmosphère d'une salle fermée où l'on fait brûler du charbon devient si rapidement mortelle.

181. PRÉPARATION. — L'oxyde de carbone est quelquefois préparé dans l'industrie pour être ensuite utilisé comme combustible, à cause de la chaleur considérable qu'il produit en brûlant.

On l'obtient en faisant brûler du charbon dans un foyer étroit et profond où l'air a un accès difficile. Le charbon, ne pouvant pas recevoir tout l'oxygène qui lui serait nécessaire pour se transformer en acide carbonique, ne produit que de l'oxyde de carbone. Ce gaz est ensuite amené par des conduits dans les foyers où il doit brûler.

182. USAGES. — Nous venons de voir que l'oxyde de carbone est employé dans l'industrie comme combustible.

En métallurgie ([1]), il joue un rôle important à cause de la propriété qu'il possède d'enlever l'oxygène aux oxydes métalliques.

QUESTIONNAIRE. — Quelle est la composition de l'oxyde de carbone? — En quoi diffère-t-il de l'acide carbonique? — Énumérez es propriétés physiques de ce composé. — L'oxyde de carbone

[1] Art d'extraire les métaux de leurs minerais

a-t-il des propriétés acides? — Est-il combustible? — Quel est le produit de sa combustion? — Quelle est l'action de l'oxyde de carbone sur les animaux? — Dans quelles circonstances l'air peut-il être vicié par la présence de ce gaz? — Comment obtient-on l'oxyde de carbone dans l'industrie? — Quels en sont les emplois?

IV. — Hydrogènes carbonés.

183. Le carbone et l'hydrogène forment un grand nombre de combinaisons que l'on nomme *hydrogènes carbonés* ou *carbures d'hydrogène*. Certaines de ces combinaisons sont gazeuses : tel est le gaz des marais ; d'autres sont liquides, comme la benzine, le pétrole, l'essence de térébenthine ; enfin d'autres sont solides, comme le caoutchouc et la gutta-percha.

Toutes ces substances brûlent avec facilité en produisant de l'eau et de l'acide carbonique; l'eau est due à la combustion de l'hydrogène, et l'acide carbonique provient de la combustion du carbone. Nous ne nous occuperons que du gaz des marais et du gaz d'éclairage.

184. GAZ DES MARAIS. — Ce gaz, appelé aussi *hydrogène protocarboné,* se trouve dans la couche de vase qui est au fond des marais. Il suffit de remuer cette vase avec un bâton pour voir monter à la surface de l'eau des bulles nombreuses d'hydrogène protocarboné impur.

La formation de ce gaz dans les marais est due à la décomposition des matières organiques végétales ou animales qui s'accumulent au fond de l'eau.

L'hydrogène protocarboné se dégage souvent des fissures du sol. Quelquefois, il s'en accumule de grandes quantités dans les mines de charbon de terre. Les ouvriers l'appellent le *grisou.* C'est ce gaz qui parfois s'enflamme au contact des lampes des mineurs et qui produit les terribles explosions dont les houillères sont trop souvent le théâtre.

On diminue le danger d'explosion dans les houillères
en faisant usage de lampes (fig. 49) dont la mèche est
entourée d'un cylindre en toile métal-
lique ([1]). Cette toile empêche la combustion du gaz commencée dans l'intérieur de la lampe de se continuer au
dehors.

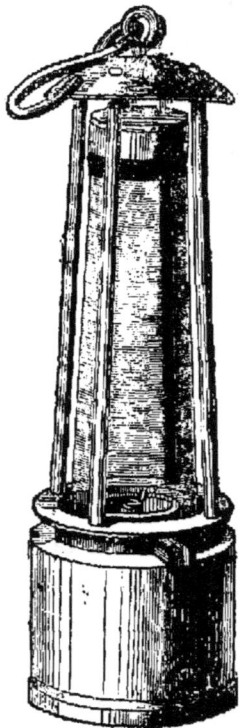

185. Gaz d'éclairage. — Le gaz
d'éclairage est un mélange de divers
hydrogènes carbonés. On l'obtient en
chauffant fortement, dans des cylindres
de fonte et de grès, de la houille grasse
riche en matières bitumineuses.

La chaleur décompose ces matières
en produits nombreux, dont les principaux sont : de la *vapeur d'eau*, de l'*hydrogène protocarboné*, de l'*hydrogène
bicarboné* ([2]), des *vapeurs de goudron*,
de l'*ammoniaque* et de l'*hydrogène
sulfuré*. Ces deux derniers produits
surtout donnent au gaz une odeur
infecte qui en nécessite l'épuration.

Fig. 49.
Lampe des mineurs.

On épure le gaz en le faisant passer d'abord dans une série
de grands cylindres exposés au grand air, dans lesquels il se
refroidit et laisse condenser les vapeurs d'eau et de goudron ([3])
qui l'accompagnent. Ensuite, il passe dans de nouveaux cylindres où il est mis en contact avec l'eau, qui dissout l'ammoniaque. Enfin il est conduit dans de grandes caisses contenant
de l'oxyde de fer ou de la chaux, substances qui ont la propriété de retenir l'hydrogène sulfuré.

[1] Ces lampes sont connues des physiciens sous le nom de *lampes de Davy*.
[2] Celui-ci est une combinaison d'hydrogène et de carbone qui renferme
deux fois plus de carbone que l'hydrogène protocarboné.
[3] Ce goudron est un mélange d'un grand nombre de composés différents
que l'industrie parvient à séparer et à utiliser dans les arts. Parmi ces
produits, on peut citer la *benzine* et le *phénol* ou *acide phénique*.

A sa sortie des épurateurs, le gaz est emmagasiné sous de grandes cloches dont les bords plongent dans l'eau. De là, il sort par des tubes qui l'amènent dans les tuyaux de conduite.

Le gaz d'éclairage, mêlé avec l'air en quantité suffisante, détone violemment au contact d'un corps enflammé. Cette détonation est toujours dangereuse; aussi ne doit-on pas pénétrer avec une bougie allumée dans une pièce où se seraient produites des fuites de gaz.

La combustion du gaz d'éclairage produit de la vapeur d'eau et de l'acide carbonique. Ce dernier gaz est dangereux à respirer, lorsqu'il est répandu en grande quantité dans l'air. Il faut donc renouveler souvent l'air des salles éclairées au gaz.

QUESTIONNAIRE. — Citez quelques composés d'hydrogène et de carbone. — Quel est le caractère général de tous ces composés? — Qu'est-ce que le gaz des marais? — Quelle est l'origine de ce gaz? — Dans quels lieux le gaz des marais se produit-il encore? — Comment l'appelle-t-on quelquefois? — Quels dangers sa présence fait-elle courir aux mineurs? — En quoi consiste la lampe de Davy? — Comment cette lampe peut-elle empêcher les explosions du grisou? — Comment obtient-on le gaz d'éclairage? — Comment l'épure-t-on? — Quel danger peut-il y avoir à laisser le gaz d'éclairage se mêler avec l'air? — Pourquoi faut-il renouveler fréquemment l'air des salles éclairées au gaz?

SOUFRE ET SES COMPOSÉS

I. — Soufre.

186. PROPRIÉTÉS PHYSIQUES. — Le soufre est un corps solide, de couleur jaune, sans saveur et à peu près sans odeur. Il est capable d'être fondu et vaporisé par la chaleur.

Ce corps conduit mal la chaleur et l'électricité. Il est insoluble dans l'eau, mais il se dissout dans quelques

autres liquides, par exemple dans l'essence de térébenthine et dans le sulfure de carbone.

Lorsque le soufre a été vaporisé, si l'on en refroidit
subitement les vapeurs, elles passent immédiatement à
l'état solide et se déposent sous la forme d'une fine poussière que l'on appelle *fleur de soufre*.

187. PROPRIÉTÉS CHIMIQUES. — Le soufre brûle à l'air
avec une flamme bleue en produisant de *l'acide sulfureux*. Il forme avec l'oxygène plusieurs composés, dont
les plus importants sont *l'acide sulfureux* et *l'acide
sulfurique*. Il forme aussi des composés nombreux avec
les autres corps simples.

188. ÉTAT NATUREL. — Le soufre se trouve en grande
abondance, mêlé à des matières terreuses, aux environs
des volcans : en Italie, en Sicile et en Islande. On le
trouve fréquemment combiné avec les métaux, formant
des sulfures. Il entre dans la composition du plâtre
ou sulfate de chaux. Il entre aussi, mais toujours en
petite quantité, dans la composition de quelques substances organiques. Ainsi, il y en a dans les choux, dans
les grains de haricots, dans la chair, les nerfs, le sang,
les œufs, etc.

189. USAGES. — Le soufre est employé à la fabrication
de l'acide sulfurique. Il entre dans la composition de la
poudre et de divers mastics. Il sert à la confection des
allumettes et du caoutchouc vulcanisé ([1]). En médecine,
il est employé dans le traitement des maladies de la
peau. En agriculture, on l'emploie pour combattre
l'oïdium. Enfin, il peut servir à éteindre les feux de
cheminée : il suffit de jeter quelques poignées de fleur
de soufre dans le foyer et de fermer hermétiquement le
devant de la cheminée: le soufre, en brûlant, produit de

---

(1) Combinaison de caoutchouc et de soufre, employée à la confection de
chaussures et de vêtements imperméables, de tuyaux flexibles, etc.

l'acide sulfureux qui remplit le tuyau, et qui, étant impropre à la combustion, éteint le feu.

II. — Acide sulfureux.

190. COMPOSITION ET PROPRIÉTÉS. — L'acide sulfureux est un composé d'oxygène et de soufre contenant moins d'oxygène que l'acide sulfurique. C'est le corps qui se forme quand on fait brûler du soufre, par exemple lorsqu'on enflamme une allumette.

Ce composé est gazeux, sans couleur, mais d'une odeur vive et piquante. Il éteint les corps en combustion et est impropre à la respiration. Il est soluble dans l'eau.

L'acide sulfureux jouit de la propriété de décolorer les matières organiques. Ainsi les violettes et les roses perdent leur couleur lorsqu'on les met en contact avec ce gaz.

191. USAGES. — L'acide sulfureux est employé pour blanchir la laine, la soie et la paille. Il suffit d'exposer les objets à blanchir, préalablement mouillés, dans une chambre fermée où l'on fait brûler du soufre.

Cet acide sert aussi à détruire les ferments qui peuvent exister dans les tonneaux où l'on se propose de mettre du vin. Pour cela, on fait brûler du soufre dans les tonneaux, quelques instants avant de les remplir.

Comme l'ammoniaque, l'acide sulfureux liquéfié par une compression suffisante absorbe ensuite, en reprenant l'état gazeux, une quantité de chaleur très considérable. Cette propriété le fait employer à la fabrication de la glace artificielle.

QUESTIONNAIRE. — Quelle est la composition de l'acide sulfureux? — Enumérez-en les propriétés physiques. — Quelle est l'action de l'acide sulfureux sur les matières colorantes d'origine organique? — Quels sont les usages de cet acide?

III. — Acide sulfurique.

192. COMPOSITION ET PROPRIÉTÉS PHYSIQUES. — L'acide sulfurique est un composé d'oxygène et de soufre plus riche en oxygène que l'acide sulfureux. Comme l'acide azotique, on ne l'emploie qu'à l'état de combinaison avec l'eau. A cet état, il forme un liquide visqueux, incolore quand il est pur, d'une saveur acide très forte. On l'appelle vulgairement *huile de vitriol*. Il est environ deux fois plus pesant que l'eau.

193. PROPRIÉTÉS CHIMIQUES. — L'acide sulfurique est un des acides les plus énergiques; il rougit fortement la teinture de tournesol; il désorganise promptement les substances végétales ou animales avec lesquelles on le met en contact; aussi est-il un poison très violent.

Cet acide a une grande avidité pour l'eau. Quand on le mêle avec ce liquide, il se produit un dégagement considérable de chaleur. Le mélange doit toujours être fait avec précaution, en versant l'acide sulfurique dans l'eau, et non l'eau dans l'acide sulfurique.

194. PRÉPARATION. — La préparation de l'acide sulfurique est très compliquée. On met en présence, dans des chambres de plomb, de l'acide sulfureux, de l'acide azotique, de la vapeur d'eau et de l'air. Sous l'influence de ces trois derniers agents, l'acide sulfureux absorbe de l'oxygène et se transforme en acide sulfurique; cet acide, à mesure qu'il se forme, prend l'état liquide en se combinant avec l'eau, et s'écoule en dehors de la chambre. Une très petite quantité d'acide azotique suffit pour obtenir une grande quantité d'acide sulfurique, car l'acide azotique, qui se détruit à chaque instant pour fournir de l'oxygène à l'acide sulfureux, est aussitôt reformé par l'intervention de la vapeur d'eau et de l'oxygène de l'air.

195. USAGES. — L'acide sulfurique est très employé dans l'industrie. Il sert à préparer la plupart des autres acides, ainsi que l'alun, la soude, l'éther. On l'emploie dans les opérations de teinture pour rendre l'indigo soluble; on l'emploie aussi pour épurer les huiles, extraire l'acide stéarique du suif (256), convertir l'amidon en sucre, etc.

QUESTIONNAIRE. — Quelle est la composition de l'acide sulfurique? — Qu'est réellement l'acide sulfurique du commerce? — Quels sont les caractères distinctifs de cet acide? — Comment l'acide sulfurique agit-il sur les substances organiques? — Cet acide a-t-il une affinité marquée pour l'eau? — Comment prépare-t-on l'acide sulfurique? — Quels en sont les usages?

IV. — Hydrogène sulfuré.

196. COMPOSITION ET PROPRIÉTÉS PHYSIQUES. — L'hydrogène sulfuré ou *acide sulfhydrique* est une combinaison d'hydrogène et de soufre. C'est un corps gazeux, incolore, d'une odeur infecte, qui est celle des œufs pourris. Il est soluble dans l'eau.

197. PROPRIÉTÉS CHIMIQUES. — L'hydrogène sulfuré éteint les corps en combustion, mais brûle lui-même au contact de l'air, en produisant de l'eau et de l'acide sulfureux. C'est un poison très violent. Quelques millièmes seulement de ce gaz dans l'air suffiraient pour empoisonner les hommes et les animaux qui le respireraient. Comme il s'en produit toujours dans les fosses d'aisances, les ouvriers chargés de les vider ne doivent y descendre qu'avec précaution; il est prudent d'y jeter douze heures d'avance une solution de sulfate de fer, ou d'y faire dégager du chlore en y exposant un vase contenant la substance appelée vulgairement *chlorure de chaux*.

Certains métaux, au contact de l'hydrogène sulfuré, se combinent avec une partie du soufre qu'il contient et se couvrent d'une couche de sulfure noir : tels sont l'argent, le plomb, le cuivre. Aussi les ustensiles d'argent qui restent quelque temps en contact avec des œufs, noircissent, parce que les œufs contiennent du soufre et produisent, en se décomposant, de l'hydrogène sulfuré.

Lorsque l'hydrogène sulfuré est mélangé en quantité suffisante avec l'air, il peut s'enflammer subitement au contact d'un corps allumé et produire une forte détonation. On ne doit donc jamais jeter un objet enflammé dans une fosse d'aisances; on s'exposerait à déterminer une explosion dangereuse.

198. ÉTAT NATUREL. — L'hydrogène sulfuré se produit toutes les fois que se décomposent des substances organiques contenant du soufre. Les matières fécales, les œufs, les cadavres des animaux en putréfaction doivent leur odeur infecte à ce gaz. Certaines eaux minérales en contiennent en dissolution : telles sont les eaux de Barèges et de Bagnères.

QUESTIONNAIRE. — Quelle est la composition de l'hydrogène sulfuré? — Quelles sont les propriétés physiques de ce corps? — L'hydrogène sulfuré est-il propre à entretenir la combustion? — Peut-il brûler lui-même? — Que produit-il en brûlant? — Quelle est l'action de ce composé sur l'économie animale? — Comment peut-on en combattre l'influence malfaisante? — Pourquoi certains métaux deviennent-ils noirs au contact de l'hydrogène sulfuré? — Pourquoi ne faut-il pas laisser longtemps les ustensiles d'argent en contact avec des œufs? — Dans quelles circonstances l'hydrogène sulfuré se produit-il spontanément? — Pourquoi ne doit-on pas jeter un corps allumé dans une fosse d'aisances? — Citez des eaux minérales qui contiennent de l'hydrogène sulfuré.

V. — Sulfure de carbone.

199. COMPOSITION ET PROPRIÉTÉS. — Le soufre et le carbone, en se combinant, forment un composé appelé *sulfure de carbone* ou *acide sulfocarbonique*.

Ce composé est liquide à la température ordinaire; il est incolore, très volatil, d'une odeur désagréable. Il dissout le soufre, les corps gras et le caoutchouc. Sa vapeur est très dangereuse à respirer; comme, en outre, il s'enflamme avec une grande facilité, on ne doit le manier qu'avec beaucoup de précautions, en ayant soin de le tenir toujours à distance des corps enflammés.

Les produits de la combustion du sulfure de carbone sont l'acide sulfureux et l'acide carbonique.

200. PRÉPARATION. — On obtient ce composé en faisant passer du soufre en vapeur sur du charbon chauffé au rouge. Le charbon subit au sein du soufre une sorte de combustion analogue à celle qu'il subit au sein de l'oxygène. Le résultat de cette combustion est du sulfure de carbone, produit qui, à la température à laquelle il se forme, a nécessairement l'état de vapeur. On conduit cette vapeur dans un espace froid où elle se condense.

201. USAGES. — Le sulfure de carbone est employé dans la vulcanisation du caoutchouc, dans l'extraction des corps gras, des essences, des parfums. Ses propriétés délétères sont utilisées par les vignerons pour détruire le phylloxera. Pour ce dernier usage, on l'emploie soit seul, soit après l'avoir fait combiner avec le sulfure de potassium; c'est cette combinaison qui est vendue dans le commerce sous le nom de *sulfocarbonate de potassium*.

QUESTIONNAIRE. — Quelle est la composition du sulfure de carbone et quel nom lui donne-t-on quelquefois? — Énumérez les propriétés physiques de ce corps. — Quelles sont les substances qu'il dissout facilement? — Quelles précautions doit-on prendre dans le maniement du sulfure de carbone? — En quoi consistent les produits de sa combustion? — Comment obtient-on le sulfure de carbone? — Quels en sont les usages : 1° dans l'industrie; 2° dans l'agriculture? — Qu'est-ce que le sulfocarbonate de potassium?

PHOSPHORE ET SES COMPOSÉS

I. Phosphore.

202. PROPRIÉTÉS PHYSIQUES. — Le phosphore est un corps simple, solide, d'un blanc jaunâtre, mou comme de la cire, insoluble dans l'eau, répandant une odeur analogue à celle de l'ail. Chauffé à l'abri de l'air, il peut fondre et se vaporiser.

203. PROPRIÉTÉS CHIMIQUES. — Le phosphore, exposé à l'air à la température ordinaire, se combine peu à peu avec l'oxygène en produisant de l'*acide phosphoreux*. Cette combinaison est accompagnée d'une faible lumière visible dans l'obscurité. Le phosphore est très inflammable; à la température de 60 degrés seulement, il s'allume et brûle avec vivacité en produisant de l'*acide phosphorique*. Il peut s'enflammer même par le frottement; aussi est-il très dangereux à manier : on ne doit le toucher que mouillé et froid. On le conserve dans des flacons pleins d'eau et bien bouchés.

Le phosphore est un violent poison. On a vu des enfants empoisonnés pour avoir porté à la bouche des allumettes phosphorées.

204. Le phosphore, soumis à l'action prolongée de la lumière solaire ou de la chaleur en vase clos, prend une teinte rouge foncé; il ne s'enflamme plus alors qu'à 260 degrés et n'est plus vénéneux. Sous cette forme, on l'emploie à la confection des allumettes dites *hygiéniques* ou *de sûreté*.

205. ÉTAT NATUREL. — Le phosphore existe dans les os des animaux, dans l'urine, le sang, le lait, la matière nerveuse. Certaines parties des plantes, les graines surtout, en contiennent. Il entre dans la composition du phosphate de chaux, substance employée pour les besoins de l'agriculture, et qui se retire du sein de la terre.

C'est principalement des os qu'on extrait le phosphore.

206. Usages. — Ce corps n'est guère employé qu'à la fabrication des allumettes.

Questionnaire. — Qu'est-ce que le phosphore? — Énumérez les propriétés physiques de ce corps. — Quelle est l'action de l'oxygène de l'air sur le phosphore? — A quelle température le phosphore peut-il s'enflammer? — Que produit-il en brûlant? — Quelles précautions doit-on prendre dans le maniement de ce corps? — Quelle est l'action du phosphore sur l'économie animale? — En quoi le phosphore rouge diffère-t-il du phosphore ordinaire? — Citez des produits naturels contenant du phosphore. — D'où l'extrait-on? — Quel est l'emploi principal du phosphore?

II. — Composés du phosphore.

207. Les composés les plus connus du phosphore sont l'*acide phosphoreux*, l'*acide phosphorique* et l'*hydrogène phosphoré*. Ces composés sont sans importance.

L'hydrogène phosphoré est un des produits de la décomposition des matières animales. Il est capable de s'enflammer spontanément à l'air. C'est ce gaz qui, se dégageant des marais et des cimetières, produit ces flammes légères appelées vulgairement *feux-follets*.

Questionnaire. — Qu'est-ce que l'hydrogène phosphoré? — Dans quelles circonstances s'en produit-il naturellement? — Quelle est la propriété remarquable de ce composé? — Donnez l'explication des feux-follets.

CHLORE ET SES COMPOSÉS

I. — Chlore.

208. Propriétés physiques. — Le chlore est un corps simple gazeux, d'une couleur jaune verdâtre, d'une odeur suffocante. Il est notablement plus lourd que l'air. Il se dissout dans l'air en lui communiquant sa couleur.

209. PROPRIÉTÉS CHIMIQUES. — Le chlore éteint les corps en combustion. Il est tout à fait impropre à la respiration; une quantité notable répandue dans l'air provoque la toux et fait cracher le sang.

Ce corps est remarquable par la facilité avec laquelle il s'unit à l'hydrogène. Si l'on expose à la lumière du soleil un flacon contenant un mélange de chlore et d'hydrogène, les deux gaz se combinent instantanément en produisant une forte détonation et en formant de *l'acide chlorhydrique.*

L'affinité du chlore pour l'hydrogène est telle qu'il enlève ce corps à la plupart des composés qui en contiennent. Ainsi, il décompose peu à peu l'eau en formant de l'acide chlorhydrique et en mettant l'oxygène en liberté. Il décompose semblablement l'ammoniaque, l'hydrogène sulfuré et l'hydrogène phosphoré. Par l'effet de la même affinité pour l'hydrogène, le chlore détruit presque toutes les matières organiques végétales et animales et particulièrement les substances colorantes. Ce sont ces propriétés qui le font employer comme désinfectant et décolorant.

La plupart des métaux peuvent s'unir directement au chlore. Le cuivre, le fer y brûlent avec la même vivacité que ce dernier métal dans l'oxygène.

210. PRÉPARATION. La manière la plus simple d'obtenir du chlore consiste à chauffer un mélange d'acide chlorhydrique et de bioxyde de manganèse. L'hydrogène de l'acide chlorhydrique se combine avec l'oxygène du bioxyde en formant de l'eau; le chlore de l'acide, devenu libre, se dégage en partie; l'autre partie se combine avec le manganèse en formant du chlorure de manganèse.

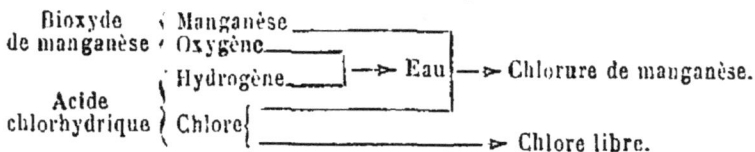

211. ÉTAT NATUREL. — Le chlore est un des éléments du sel marin ou *chlorure de sodium*, dont nous parlerons plus tard.

212. USAGES. — Le chlore est employé pour désinfecter les lieux rendus insalubres par les émanations de matières organiques en décomposition. Ces émanations sont surtout formées d'ammoniaque, d'hydrogène sulfuré, d'hydrogène phosphoré et de particules organiques extrêmement ténues dont la nature n'est pas bien connue, mais dont l'influence peut être extrêmement pernicieuse.

Pour désinfecter un endroit insalubre, la meilleure manière consiste à y répandre ou à y exposer, dans des vases larges et peu profonds, le corps appelé *chlorure de chaux;* ce composé, exposé à l'air, laisse peu à peu dégager du chlore (¹). On active d'ailleurs le dégagement de ce gaz en mouillant le *chlorure de chaux* avec de l'eau étendue de vinaigre.

Le chlore est encore employé comme décolorant. Ainsi on l'emploie pour blanchir les tissus neufs de lin, de chanvre et de coton, ainsi que la pâte de papier (²). On peut s'en servir pour enlever les taches d'encre ordinaire; il suffit, pour cela, de tremper l'objet taché dans de l'eau chlorée ou bien d'y déposer du chlorure de chaux humide et de laver ensuite l'endroit taché avec de l'eau chargée de vinaigre ou mieux d'acide chlorhydrique.

QUESTIONNAIRE. — Qu'est-ce que le chlore? — Énumérez les propriétés physiques de ce corps. — Le chlore est-il propre à entretenir la combustion? — Quelle est l'action du chlore sur l'économie

_____

(¹) Le chlorure de chaux est un mélange de chlorure de calcium et d'hypochlorite de chaux.

L'hypochlorite de chaux est une combinaison d'acide hypochloreux et de chaux. Enfin l'acide hypochloreux est une combinaison de chlore et d'oxygène renfermant moins d'oxygène que l'acide chloreux.

(²) Le chlore ne peut pas être employé à décolorer la laine et la soie, parce qu'il altère profondément ces substances, ainsi que toutes les substances organiques de nature animale.

animale? — Quel est le corps pour lequel le chlore possède une
très grande affinité? — Citez l'expérience qui démontre cette
affinité. — Quelle est l'action du chlore sur la plupart des
composés hydrogénés? — Quelle est son action sur les métaux? —
Comment obtient-on le chlore? A quel état ce corps existe-t-il dans
la nature? — Quels sont les usages du chlore?

II. — Acide chlorhydrique.

213. COMPOSITION ET PROPRIÉTÉS. — L'acide chlorhydrique est le corps formé par la combinaison du chlore
et de l'hydrogène. C'est un gaz incolore, d'une odeur
acide très forte, extrêmement soluble dans l'eau. Sa dissolution porte dans les arts le nom d'*acide muriatique* ou
esprit de sel.

La propriété caractéristique de l'acide chlorhydrique
est de s'unir directement avec l'ammoniaque en formant
du chlorhydrate d'ammoniaque ([1]). On peut manifester
cette propriété en débouchant deux flacons contenant
des dissolutions d'acide chlorhydrique et d'ammoniaque
et en rapprochant les deux ouvertures; il se forme
immédiatement des fumées blanches très épaisses de
chlorhydrate d'ammoniaque.

214. PRÉPARATION. — On prépare l'acide chlorhydrique
en chauffant un mélange de sel marin et d'acide sulfurique
ordinaire. On sait que le sel marin est une combinaison de
chlore et de sodium, et que l'acide sulfurique ordinaire est
une combinaison d'acide sulfurique et d'eau. L'eau et le sel
marin se décomposent : l'hydrogène de l'eau s'unit au chlore
du sel marin en formant de l'acide chlorhydrique qui se
dégage; en même temps l'oxygène de l'eau s'unit au sodium
du sel et forme de l'oxyde de sodium ou de la soude, com-

([1]) Nous avons vu (159) que le chlorhydrate d'ammoniaque est appelé
vulgairement *sel ammoniac* et que c'est de ce corps qu'on extrait l'ammoniaque.

posé qui, s'unissant à l'acide sulfurique, produit du sulfate de soude.

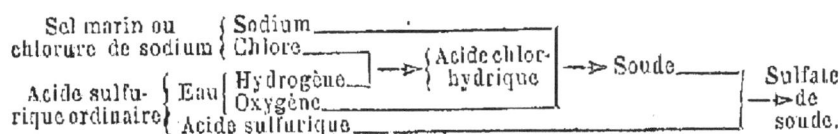

Sel marin ou chlorure de sodium	{ Sodium				
	{ Chlore	→	{ Acide chlor- hydrique	→ Soude	Sulfate de soude.
Acide sulfu- rique ordinaire	{ Eau { Hydrogène Oxygène				
	{ Acide sulfurique				

Si l'on désire obtenir une dissolution d'acide chlorhydrique, on conduit le gaz dans une série de flacons contenant de l'eau, où il se dissout (fig. 50).

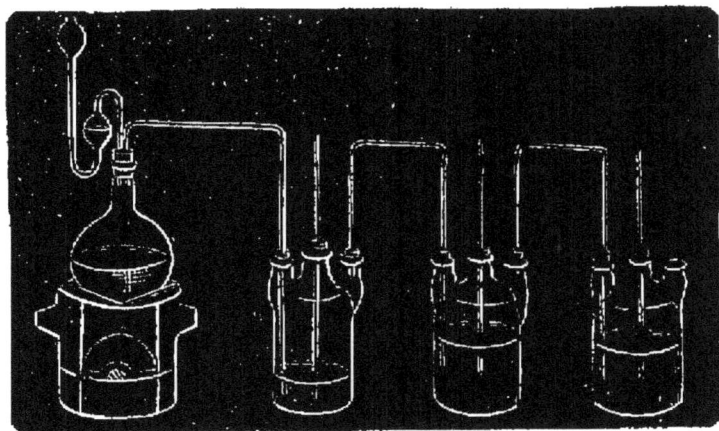

FIG. 50. — Préparation de l'acide chlorhydrique.

215. USAGES. — L'acide chlorhydrique sert à nettoyer les métaux, à préparer le chlore, à extraire la gélatine des os. Les chimistes l'emploient fréquemment dans les laboratoires; mêlé avec l'acide azotique, il forme l'*eau régale,* qui est le seul liquide capable de dissoudre l'or et le platine.

QUESTIONNAIRE. — Qu'est-ce que l'acide chlorhydrique? — A quel état cet acide est-il habituellement employé? — Sous quels noms est-il désigné dans les arts? — Quelle est la propriété carac-téristique de l'acide chlorhydrique? — Comment le prépare-t-on? — Quels en sont les usages?

DES MÉTAUX

216. PROPRIÉTÉS PHYSIQUES. — Les métaux sont tous solides, excepté le mercure, qui est liquide [1]. Ils peuvent être fondus par la chaleur; mais le fer et le platine exigent pour cela les plus hautes températures. Ils ont généralement une densité élevée : celle du fer est 7,8; celle du mercure, 13,6, et celle du platine, 22.

Les métaux sont toujours insolubles dans l'eau et sont tous très bons conducteurs de la chaleur et de l'électricité. Leur couleur est généralement d'un gris blanc ou bleuâtre; cependant, l'or est jaune et le cuivre rouge. Ils présentent, surtout lorsqu'ils sont polis, un éclat particulier appelé *éclat métallique.*

On appelle métaux *malléables* ceux qui ont la propriété de s'étendre en lames sous l'action du marteau ou celle du laminoir : tels sont l'or, l'argent, le cuivre, l'étain, le plomb, le zinc, le fer. Les métaux *ductiles* sont ceux qui peuvent être tirés en fils. En général, les métaux malléables sont aussi ductiles. Ceux qui ne sont ni ductiles, ni malléables sont *cassants,* comme l'antimoine et le bismuth.

217. PROPRIÉTÉS CHIMIQUES. — Les métaux ont pour caractère essentiel de former des bases en s'unissant avec l'oxygène. La plupart restent intacts dans l'air sec; mais, à l'air humide, un grand nombre se combinent avec l'oxygène; on dit alors qu'ils s'*oxydent* ou qu'ils se *rouillent.*

Les métaux qui ne se rouillent pas à l'air sont l'or, le platine et l'argent. On peut y ajouter l'étain, qui est à peine altérable.

L'oxydation d'un métal est toujours favorisée par le

---

[1] Nous avons dit précédemment que l'hydrogène est classé volontiers parmi les métaux, quoique ce soit un corps gazeux.

contact d'un acide ; aussi ne doit-on pas laisser dans un vase de cuivre, de plomb, de fer ou de zinc, des substances acides, car ces vases seraient promptement attaqués. On doit particulièrement éviter de laisser refroidir dans des casseroles de cuivre les aliments que l'on y a préparés, parce que les substances alimentaires ou leurs assaisonnements contiennent des produits acides capables de faire former des sels de cuivre, qui sont toujours vénéneux. Pour la même raison, on ne doit laisser ni vin, ni vinaigre, ni même de lait, dans des vases en cuivre, en zinc ou en plomb. On évite tout danger quand on emploie des vases de cuivre dans la préparation des aliments, en les faisant étamer, c'est-à-dire en les faisant recouvrir intérieurement d'une couche d'étain.

On préserve le fer de la rouille en le recouvrant d'une couche de peinture, de vernis, de goudron, ou simplement en l'enduisant d'huile ou de graisse. On le recouvre aussi d'étain ou de zinc ; le fer recouvert d'étain se nomme *fer étamé* ou *fer-blanc*, et recouvert de zinc il se nomme *fer galvanisé*.

Les métaux sont susceptibles de s'unir avec la plupart des métalloïdes. Avec l'oxygène, ils forment des *oxydes ;* avec le chlore, des *chlorures ;* avec le soufre, des *sulfures,* etc.

218. MÉTAUX USUELS. — Quoique les chimistes connaissent plus de 50 métaux, il n'y en a guère qu'une dizaine d'employés dans les arts, soit seuls, soit à l'état d'alliages. Ce sont : le fer, le zinc, le cuivre, l'étain, le plomb, l'aluminium, l'argent, l'or, le platine, le mercure [1]. On peut y ajouter le nickel, l'antimoine et le bismuth. Les autres métaux sont ou trop rares, ou trop

[1] Ces métaux étant, pour la plupart, connus de tous, nous n'en décrirons pas les propriétés particulières non plus que les usages. Nous ne ferons d'exception que pour le *fer* et ses dérivés : la *fonte* et l'*acier.*

difficiles à extraire de leurs minerais, ou trop altérables à l'air pour pouvoir être employés à l'état métallique. Ils forment néanmoins un grand nombre de composés très importants. Nous en signalerons les principaux dans les chapitres suivants.

219. ALLIAGES. — Les métaux peuvent s'unir entre eux en formant des composés que l'on appelle *alliages*. Lorsque l'un des métaux qui se combinent est le mercure, l'alliage se nomme *amalgame;* ainsi, le composé de mercure et d'étain se nomme *amalgame d'étain*.

Les alliages ont ordinairement des propriétés toutes différentes de celles des métaux qui les composent. Ainsi, ils fondent plus facilement et se prêtent mieux au moulage que les métaux isolés; ils sont aussi plus durs et, par suite, plus difficiles à travailler au tour et à la lime; enfin, ils sont moins altérables au contact de l'air et des acides.

Les principaux alliages sont les suivants :

Le *laiton* ou cuivre jaune, composé de cuivre et de zinc. Cet alliage est employé à la fabrication des épingles et à la confection des instruments de musique et de physique.

Le *bronze,* formé principalement de cuivre et d'étain. On emploie cet alliage pour faire des statues, des canons, des cloches, etc.

La *soudure des ferblantiers,* composée de plomb et d'étain. On s'en sert pour souder le fer-blanc.

La *poterie d'étain,* formée d'étain, de plomb et quelquefois d'antimoine. Ce composé sert à fabriquer des cuillers, des fourchettes, des vases, des mesures de capacité.

L'*alliage des bijoux et des monnaies d'argent,* formé d'argent et de cuivre.

L'*alliage des bijoux et des monnaies d'or,* formé d'or et de cuivre.

220. ÉTAT NATUREL DES MÉTAUX ET PROCÉDÉS D'EXTRACTION. — Quelques métaux se trouvent à l'état *natif,* c'est-à-dire non combinés avec d'autres corps : tels sont l'or et le platine. On les sépare des substances terreuses auxquelles ils sont habituellement mélangés, par des lavages qui entraînent les matières terreuses sans entraîner les métaux.

D'autres métaux se rencontrent à l'état de *sulfures*, c'est-à-dire en combinaison avec le soufre : tels sont l'argent, le plomb, le mercure et le cuivre. Quelques-uns de ces métaux, le mercure en particulier, s'obtiennent par le grillage de leurs minerais. Cette opération consiste à chauffer fortement les minerais au contact de l'air ; le soufre brûle, et le métal est isolé. Mais ce procédé est insuffisant pour quelques métaux, par exemple pour l'argent ; on doit alors recourir à des méthodes d'extraction compliquées.

Enfin, d'autres métaux se rencontrent dans la nature à l'état d'*oxydes,* c'est-à-dire en combinaison avec l'oxygène ; tels sont le fer, l'étain, le manganèse. Pour les extraire, on chauffe leurs minerais mélangés avec du charbon ; ce corps se combine avec l'oxygène et les métaux sont mis en liberté.

Dans ce traitement, le charbon brûle d'abord, mais d'une manière incomplète, en se transformant en oxyde de carbone (181) ; c'est alors cet oxyde de carbone qui agit comme réducteur, c'est-à-dire qui s'empare de l'oxygène de l'oxyde métallique.

QUESTIONNAIRE. — Quelles sont les propriétés physiques générales des métaux ? — En quoi consistent la malléabilité et la ductilité des métaux ? — Citez des métaux jouissant de ces propriétés. — Quel est le caractère de ceux qui ne sont ni malléables, ni ductiles ? — Quel est le caractère chimique essentiel des métaux ? — Quelle est l'action de l'air humide sur les métaux ? — Citez des métaux inaltérables à l'air. — Quelles sont les substances qui favorisent l'oxydation des métaux ? — Quelle précaution doit-on prendre quand on emploie des vases de cuivre non étamés dans la préparation des aliments ? — Comment l'étamage prévient-il les accidents ? — Quels sont les vases dans lesquels on ne doit conserver ni vin, ni vinaigre, ni lait ? — Comment préserve-t-on le fer de la rouille ? — Qu'est-ce que le fer-blanc ? — le fer galvanisé ? — Quels sont les métaux usuels ? — Comment nomme-t-on les combinaisons que forment les métaux entre eux ? — Qu'appelle-t-on amalgames ? — Quelles sont les propriétés spéciales des alliages ? — Citez des alliages usuels. — A quels états principaux les métaux existent-ils dans la nature ? — Nommez des métaux que l'on trouve à l'état natif. — Nommez-en qui se trouvent à l'état de sulfures. — Comment extrait-on habituellement les métaux de leurs sulfures ? — Nommez des métaux que l'on trouve à l'état d'oxydes. — Comment extrait-on habituellement les métaux de leurs oxydes ?

PRINCIPAUX COMPOSÉS FORMÉS PAR LES MÉTAUX

I. — Carbonate de potasse.

221. COMPOSITION ET PROPRIÉTÉS. — Le carbonate de potasse est un corps formé d'acide carbonique et de potasse ou oxyde de potassium (1) ; c'est le composé auquel, dans le commerce, on donne improprement le nom unique de *potasse.*

Le carbonate de potasse est un corps solide, de couleur blanche, possédant une saveur âcre très désagréable, ramenant au bleu le tournesol rougi par les acides. C'est une substance très *hygroscopique,* c'est-à-dire attirant l'humidité de l'air et devenant liquide en se dissolvant dans l'eau absorbée.

Lorsqu'on soumet à l'ébullition une dissolution de carbonate de potasse à laquelle on a ajouté de la chaux, le premier produit abandonne son acide carbonique à la chaux et se transforme en potasse hydratée, c'est-à-dire en une combinaison de potasse et d'eau ; ce composé, connu dans les arts sous le nom de *potasse caustique,* est une substance blanche très dangereuse à manier, parce qu'elle attaque et détruit toutes les matières animales. Elle entre dans la composition des savons mous.

222. PRÉPARATION. — On extrait principalement le carbonate de potasse des cendres des végétaux terrestres (2). Cette extraction s'opère en grand dans les pays riches en forêts, comme en Russie et en Amérique.

(1) Le potassium est un métal mou, plus léger que l'eau, difficile à obtenir et à conserver, n'ayant aucun usage.
(2) C'est la présence du carbonate de potasse dans les cendres qui leur donne la propriété de nettoyer le linge.

223. Usages. — Le carbonate de potasse est un produit d'une très grande importance. On l'emploie dans le blanchiment des tissus, dans la fabrication du verre blanc, du cristal, du salpêtre, de l'alun, de l'eau de javelle, et de presque tous les autres sels de potasse.

Questionnaire. — Qu'est-ce que le carbonate de potasse? — Comment le nomme-t-on vulgairement? — Énumérez les principales propriétés de ce corps. — En quoi consiste la potasse caustique? — Quelle en est la propriété caractéristique? — A quels usages est-elle employée? — D'où s'extrait le carbonate de potasse? — Quels en sont les usages?

II. — Azotate de potasse.

224. L'azotate de potasse, appelé aussi *salpêtre,* est un composé d'acide azotique et de potasse. Ce sel se forme naturellement à la surface de la terre dans les pays chauds. En France, il s'en produit sur les murs dans les endroits humides : dans les caves, les écuries, etc., sous la forme de duvet blanchâtre. Cette production n'est pas d'ailleurs de l'azotate de potasse pur; c'est un mélange de plusieurs azotates, en particulier d'azotates de potasse et de chaux. On a reconnu que ces mêmes composés se forment aussi dans les terres cultivées et fumées, et que leur présence dans le sol en accroît notablement la fertilité.

Le salpêtre se décompose par la chaleur en dégageant de l'oxygène : voilà pourquoi, jeté sur des charbons ardents, il en active la combustion. Il entre dans la composition de la poudre, qui est un mélange de salpêtre, de charbon et de soufre, et fournit à ces deux derniers corps l'oxygène nécessaire à leur combustion.

Le salpêtre, en se formant sur les murs, les détériore et attire l'humidité. On en atténue la formation en recouvrant les murs de ciment imperméable ou simplement de goudron.

Questionnaire. — Quelle est la composition de l'azotate de potasse? — Quel nom donne-t-on vulgairement à ce sel? — Où le trouve-t-on? — Quelle est l'action de la chaleur sur l'azotate de potasse? — Que produit ce composé, lorsqu'on le projette sur des charbons ardents? — A quels corps associe-t-on le salpêtre dans la confection de la poudre? — Quel est, dans ce mélange, le rôle du salpêtre? — Comment atténue-t-on la formation du salpêtre sur les murs?

III. — Carbonate de soude.

225. COMPOSITION ET PROPRIÉTÉS. — Le carbonate de soude, composé d'acide carbonique et de soude ou oxyde de sodium ([1]), a beaucoup d'analogie par ses propriétés avec le carbonate de potasse. Il s'en distingue cependant en ce qu'au lieu d'être *hygroscopique*, il est *efflorescent*, c'est-à-dire qu'au lieu de se mouiller à l'air, il s'y dessèche et devient pulvérulent à sa surface. C'est le produit vendu dans le commerce sous le nom de *cristaux de soude* ou simplement de *cristaux*.

Traité par la chaux, le carbonate de soude subit une transformation analogue à celle qu'éprouve le carbonate de potasse dans les mêmes circonstances, c'est-à-dire qu'il se transforme en soude hydratée ou *soude caustique*. Ce produit, semblable à la potasse caustique, est employé dans la fabrication des savons durs, en particulier des savons de Marseille.

226. PRÉPARATION. — Pendant longtemps le carbonate de soude s'extrayait uniquement des cendres des végétaux marins. Actuellement, l'industrie en prépare de grandes quantités en faisant subir au sel marin ou chlorure de sodium des transformations d'ailleurs assez compliquées.

227. USAGES. — Le carbonate de soude est employé à des usages domestiques nombreux ainsi qu'au blanchiment des tissus, à la fabrication du verre commun. Dans un grand nombre de circonstances il peut remplacer le carbonate de potasse, et présente l'avantage de coûter moins cher.

QUESTIONNAIRE. — Quelle est la composition du carbonate de soude? — Comment ce corps se distingue-t-il du carbonate de potasse? — Comment le nomme-t-on vulgairement? — En quoi consiste la soude caustique? — A quel usage est-elle employée? — D'où s'extrait le carbonate de soude? — Quels en sont les usages?

IV. — Chlorure de sodium.

228. Le chlorure de sodium ou *sel marin* est un composé de chlore et de sodium. Ce corps existe en dissolu-

---

([1]) Le sodium est, comme le potassium, un métal mou, plus léger que l'eau, difficile à obtenir et à conserver. Il sert dans l'extraction de l'aluminium.

tion dans l'eau de la mer et dans l'eau de quelques sources. On le trouve en certains lieux au sein de la terre (405).

Le sel consommé en France est extrait presque en totalité de l'eau de la mer, qu'on laisse évaporer en été, dans de vastes réservoirs peu profonds creusés le long du rivage. A mesure que l'eau s'évapore, le sel cristallise; on n'a qu'à le recueillir et à le purifier.

Le sel marin est employé pour assaisonner les aliments, pour conserver les viandes, le poisson, etc. Dans l'industrie, il sert à fabriquer les sels de soude, l'acide chlorhydrique et le chlore.

QUESTIONNAIRE. — Qu'est-ce que le chlorure de sodium? — Quel nom donne-t-on vulgairement à ce composé? — A quels états ce corps se trouve-t-il dans la nature? — D'où provient presque tout le sel consommé en France? — Ce composé n'est-il employé que pour assaisonner les aliments?

V. — Chaux.

229. La chaux est un oxyde de calcium, c'est-à-dire un composé d'oxygène et de calcium (1). C'est une base énergique qui se combine avec tous les acides et qui ramène au bleu la teinture de tournesol rougie.

La chaux possède une grande affinité pour l'eau, avec laquelle elle se combine en produisant beaucoup de chaleur. On nomme *chaux éteinte* ou *chaux hydratée* le corps formé par l'union de la chaux avec l'eau, tandis qu'on nomme *chaux vive* la chaux non unie à l'eau.

L'affinité de la chaux pour l'eau et les acides fait qu'on ne peut pas la conserver intacte à l'air; elle attire peu à peu la vapeur d'eau et l'acide carbonique toujours répandus dans l'air, et elle perd ses propriétés; on dit alors qu'elle est *éventée*.

(1) Le calcium est un métal qui n'a aucun usage, difficile d'ailleurs à obtenir et à conserver.

La chaux détruit les matières organiques avec lesquelles on la met en contact; elle est capable de produire des brûlures dangereuses. On ne doit donc la manier qu'avec précaution.

230. La chaux s'obtient par la calcination de pierres calcaires effectuée dans des fours spéciaux (fig. 51).

Fig. 51. — Four à chaux.

On appelle *pierres calcaires* les pierres formées par le carbonate de chaux, c'est-à-dire par la combinaison de l'acide carbonique et de la chaux. La chaleur chasse l'acide carbonique, qui se dégage à l'état gazeux, et la chaux reste.

On appelle *chaux grasses* celles qui proviennent de pierres calcaires contenant peu de matières étrangères.

Ces chaux, mêlées avec le sable, forment le *mortier*, substance employée à lier les pierres dans les constructions; peu à peu la chaux des mortiers absorbe l'acide carbonique de l'air et redevient carbonate de chaux, en adhérant très fortement aux pierres entre lesquelles elle est interposée. On reconnaît une chaux grasse à ce que, mise en contact avec l'eau, elle s'échauffe considérablement et augmente de volume.

On donne le nom de *chaux maigre* à la chaux qui provient de calcaires renfermant du sable et de l'oxyde de fer. Cette chaux n'est pas propre à faire de bons mortiers. Elle s'échauffe peu quand on la combine avec l'eau, et n'augmente pas de volume.

Enfin, on appelle *chaux hydraulique* la chaux qui

provient de calcaires contenant de l'argile. Cette chaux a la propriété de durcir quand on la met dans l'eau. On s'en sert pour faire des mortiers destinés aux constructions qui doivent être en contact avec l'eau. Les mortiers faits avec cette chaux sont appelés *ciments* ou *mortiers hydrauliques*. On peut rendre hydraulique la chaux grasse, en la mélangeant avec de l'argile calcinée, par exemple avec de la brique pilée.

QUESTIONNAIRE. — Quelle est la composition de la chaux? — Quelles en sont les propriétés? — Qu'appelle-t-on chaux vive et chaux éteinte? — Que devient la chaux trop longtemps exposée à l'air? — Comment la chaux agit-elle sur les matières organiques? — Comment fabrique-t-on la chaux? — Qu'appelle-t-on chaux grasse? — Comment reconnaît-on cette variété de chaux? — Quels en sont les usages? — Qu'appelle-t-on chaux maigre? — Comment reconnaît-on cette variété de chaux? — Cette chaux est-elle propre à faire de bons mortiers? — Qu'est-ce que la chaux hydraulique? — Quelle est la propriété remarquable de cette chaux? — Quels en sont les usages? — Comment nomme-t-on les mortiers faits avec cette chaux? — Comment peut-on convertir la chaux grasse en chaux hydraulique?

VI. — Carbonate de chaux.

231. Le carbonate de chaux, appelé aussi *calcaire,* est un composé d'acide carbonique et de chaux. Ce corps est très répandu dans la nature. Il forme les pierres à bâtir ordinaires, les pierres lithographiques, le marbre, l'albâtre, la craie; il entre dans la composition des os des animaux, et constitue presque entièrement la coquille des œufs et celle des mollusques.

On reconnaît une pierre calcaire à l'effervescence qui se produit quand on la mouille avec un acide. Cette effervescence est due à ce que l'acide versé sur la pierre se substitue à l'acide carbonique, qui se dégage à l'état gazeux. Nous avons vu qu'on prépare l'acide carbonique précisément en faisant agir l'acide sulfurique ou l'acide chlorhydrique sur du carbonate de chaux.

Le carbonate de chaux est insoluble dans l'eau pure; mais il devient soluble dans de l'eau chargée d'acide carbonique. Voilà pourquoi les eaux qui circulent dans le sein de la terre, contenant toujours de l'acide carbonique, contiennent aussi presque toujours du carbonate de chaux.

QUESTIONNAIRE. — Qu'est-ce que le carbonate de chaux? — Quel nom donne-t-on vulgairement à ce composé? — Nommez des produits naturels formés de cette substance. — Comment reconnait-on une pierre calcaire? — A quelle condition le carbonate de chaux peut-il se dissoudre dans l'eau? — Cette condition se réalise-t-elle dans la nature?

VII. — Sulfate de chaux.

232. Le sulfate de chaux ou *plâtre* est un composé d'acide sulfurique et de chaux. On l'extrait du *gypse* ou *pierre à plâtre,* qui est du sulfate de chaux hydraté, c'est-à-dire une combinaison de sulfate de chaux et d'eau. Le gypse, quoique bien moins commun que le calcaire, est encore assez répandu; il constitue plusieurs collines dans les environs de Paris.

On convertit le gypse en plâtre en le chauffant modérément dans des fours pour faire évaporer l'eau qu'il contient (fig. 52); ensuite, on pulvérise le résidu et on le conserve à l'abri de l'air.

Le plâtre gâché avec l'eau s'unit à celle-ci en produisant de la chaleur et en redevenant sulfate de chaux hydraté. On l'emploie quelquefois dans les constructions en guise de mortier; on l'emploie aussi pour sceller le fer dans la pierre, pour revêtir les murs, les plafonds, pour faire des statues et des objets moulés. Mêlé avec l'alun, il forme le plâtre *aluné,* et avec la gélatine, le *stuc.* Ces préparations forment avec l'eau une pâte qui devient très dure au bout de peu de temps, et avec laquelle on peut imiter le marbre. Enfin le plâtre sert dans l'agriculture pour amender les prairies artificielles.

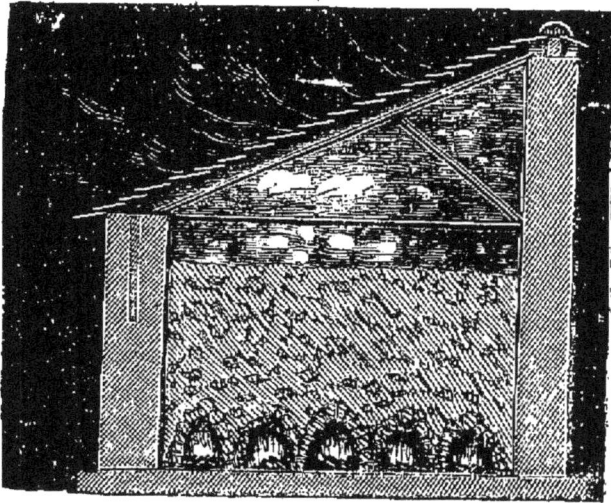

Fig. 52. — Four à plâtre.

On emploie quelquefois, pour faire des socles de pendule, des vases et autres objets d'ornement, une espèce de gypse que l'on appelle *albâtre;* mais le véritable albâtre est du carbonate de chaux, plus dur et plus estimé que l'albâtre gypseux.

QUESTIONNAIRE. — Qu'est-ce que le sulfate de chaux? — Quel est le nom vulgaire de ce composé? — De quelle substance minérale extrait-on le sulfate de chaux, et par quelle opération? — Dans quel pays trouve-t-on le gypse en abondance? — Que devient le plâtre au contact de l'eau? — Quels sont les emplois de ce corps? — Qu'est-ce que le plâtre aluné et le stuc? — Qu'est-ce que l'albâtre? — N'y a-t-il pas deux substances différentes qui reçoivent ce même nom?

VIII. — Silicates, Verres, Poteries.

233. SILICATES. — On appelle silicates les corps formés par la combinaison de l'acide silicique avec une base.

L'acide silicique ou *silice,* combinaison d'oxygène et

de silicium ([1]), est un corps très répandu dans la nature; il forme le sable, le grès, le cristal de roche, les cailloux, la pierre meulière, etc. Les silicates sont aussi très répandus; ceux qu'on rencontre le plus fréquemment sont les silicates d'alumine, de potasse, de soude, de chaux, de magnésie et de fer; ce sont ces silicates qui forment presque entièrement les granits. Le silicate d'alumine ([2]) forme l'argile.

234. VERRES. — Les verres sont des composés formés par l'union de la silice avec deux ou plusieurs bases.

Dans le verre ordinaire fabriqué en France, les bases unies à la silice sont la chaux et la soude. Ce verre est donc un *silicate double de chaux et de soude*. Pour le fabriquer, on chauffe fortement dans un creuset un mélange de sable, de chaux et de soude ou de sulfate de soude. Les matières fondent en se combinant. On laisse ensuite refroidir le verre formé, et lorsqu'il commence à se solidifier, on lui donne les formes qu'il doit avoir.

Le verre commun avec lequel on fait les bouteilles est formé de sable impur combiné avec des quantités variables de soude, de potasse, de chaux et d'argile. Il doit sa couleur à la présence d'une petite quantité d'oxyde de fer contenu dans l'argile et dans le sable employés.

Les verres colorés avec lesquels on fait les vitraux ont la même composition que les verres blancs ordinaires; seulement, on ajoute aux matières qui les forment des oxydes métalliques destinés à produire la coloration.

Le *cristal* est un silicate double de potasse et d'oxyde

([1]) Le silicium est un corps simple de la classe des métalloïdes.
([2]) L'alumine est l'oxyde d'un métal spécial, l'*aluminium*, que l'on ne sait extraire industriellement que depuis un petit nombre d'années. Ce métal, remarquable par sa légèreté et son inaltérabilité à l'air, a presque la blancheur et l'éclat de l'argent. On le substitue parfois à ce dernier dans l'orfèvrerie d'art. En combinaison avec le cuivre, il donne des bronzes d'une grande beauté et d'une grande résistance.

de plomb, plus beau et moins fragile que le verre ordinaire.

235. POTERIES. — On donne le nom de poteries à tous les objets faits d'argile cuite.

La finesse des poteries dépend de la pureté de l'argile avec laquelle on les fabrique et des soins apportés à leur confection.

Les poteries comprennent : la *faïence*, la *porcelaine* et la *poterie commune* (briques, tuiles, vases communs).

La porcelaine se distingue de la faïence en ce qu'elle est translucide (1), tandis que la faïence est opaque.

Il est à remarquer que l'argile, à moins d'avoir été fortement chauffée au point d'éprouver un commencement de fusion, reste poreuse après sa cuisson. Voilà pourquoi les vases destinés à contenir des liquides doivent recevoir un vernis qui en rende les parois imperméables. Ce vernis, appelé *couverte* ou *émail,* n'est souvent autre chose, pour la poterie commune, que de l'oxyde de plomb. Pour la faïence et la porcelaine, c'est une sorte de verre auquel on ajoute soit de l'oxyde d'étain, si on le veut blanc et opaque, soit des oxydes métalliques divers, si on veut l'obtenir coloré.

On ne doit jamais laisser séjourner de vin, de vinaigre, ni aucune substance alimentaire dans les poteries vernissées au plomb, ce métal étant susceptible de former des composés vénéneux avec les produits acides que renferment la plupart des matières alimentaires.

QUESTIONNAIRE. — Qu'appelle-t-on silice et silicates? — Nommez des substances formées de silice. — Nommez-en qui contiennent des silicates. — Quelle est la composition générale des verres? — Quelle est la composition du verre ordinaire fabriqué en France? — Avec quelles matières fabrique-t-on le verre à bou-

_____

(1) La translucidité de la porcelaine est due à ce qu'elle a été cuite à une température suffisamment élevée pour la ramollir et lui faire subir un commencement de vitrification.

teilles? — Qu'est-ce qui donne à ce verre sa couleur? — Comment colore-t-on les verres destinés à la confection des vitraux? — Qu'est-ce que le cristal? — Qu'appelle-t-on poteries? — Comment peut-on diviser les poteries? — Qu'est-ce qui distingue la porcelaine de la faïence? — Quelle est l'utilité de la *couverte* ou *émail* dont on recouvre les poteries? — Quelle est la composition de la couverte pour la poterie commune? — pour la faïence et la porcelaine? — Pourquoi ne doit-on pas laisser séjourner des produits alimentaires dans les poteries vernissées au plomb?

IX. — Fer, Fonte, Acier.

236. FER. — Le fer est le plus important de tous les métaux à cause de sa grande ténacité, de son bas prix, de la possibilité de le travailler aussi bien à la forge qu'à l'étau et au tour, et de ses dérivés précieux : l'*acier* et la *fonte*.

La possibilité de travailler le fer à la forge tient à ce qu'avant de fondre, il commence par se ramollir, et prend successivement tous les états intermédiaires à l'état solide et à l'état liquide. Cette propriété n'appartient à aucun autre métal, si ce n'est au platine.

Le fer s'extrait de ses oxydes naturels que l'on réduit par le charbon (220). L'opération s'exécute dans d'immenses fours appelés *hauts-fourneaux*. Le produit de ce traitement n'est pas du fer, mais de la *fonte,* composé de carbone et de fer. Pour extraire ensuite le fer de la fonte, on fait fondre celle-ci au milieu d'un fort courant d'air. Le carbone qu'elle contient brûle, et il reste le fer. Cette opération se nomme *affinage*.

237. FONTE. — Nous venons de voir que la fonte est un composé de carbone et de fer. La proportion de carbone qu'elle contient varie entre 3 et 5 pour 100.

La fonte se distingue du fer par sa fragilité, sa dureté, sa fusibilité, ainsi que par son défaut de malléabilité, c'est-à-dire par l'impossibilité où l'on est de pouvoir la travailler au marteau.

On donne à la fonte, par voie de moulage, toutes les formes imaginables. On en fait des statues et autres objets de décoration, des pièces de machines, des grilles, des colonnes capables de supporter les plus lourds fardeaux, des tuyaux de conduite pour l'eau et le gaz, etc. Il est à remarquer cependant que la fonte ne peut être employée pour la confection des pièces qui doivent recevoir des chocs violents, à cause de sa fragilité.

238. ACIER. — L'acier est, comme la fonte, un *carbure de fer*, c'est-à-dire un composé de carbone et de fer, mais il est notablement moins riche en carbone.

Ce produit important peut être obtenu en affinant incomplètement la fonte, c'est-à-dire en arrêtant l'opération de la transformation de la fonte en fer, avant que tout le carbone qu'elle contient ait disparu. Mais on peut aussi l'obtenir par la combinaison directe du fer et du charbon. Pour cela, on chauffe fortement dans des caisses en briques, pendant une à deux semaines, des barres de fer entourées de poudre de charbon.

L'acier peut se forger comme le fer et peut se mouler comme la fonte. Sa propriété essentielle est d'acquérir de la dureté, de l'élasticité et aussi de la fragilité par la *trempe*. On donne ce nom à l'opération qui consiste à faire chauffer l'acier au rouge et à le refroidir brusquement en le plongeant soit dans l'eau, soit dans tout autre liquide froid.

L'acier trempé est employé à la confection des objets qui exigent une grande dureté ; ainsi on en fait des instruments tranchants, des armes, des ressorts, des limes, etc.

Si l'on *recuit* l'acier trempé, c'est-à-dire si on le réchauffe à une température suffisante et qu'on le laisse refroidir lentement, il perd les propriétés spéciales que lui avait communiquées la trempe et redevient souple et malléable comme le fer.

QUESTIONNAIRE. — Quel est le motif de la grande importance industrielle du fer? — A quelle propriété doit-il de pouvoir être forgé? — Donnez quelques détails sur la métallurgie du fer. — Quelle est la composition de la fonte? — En quoi ses propriétés diffèrent-elles de celles du fer? — Indiquez quelques-uns des emplois de la fonte. — Dans quelles circonstances la fonte ne peut-elle être utilisée? — Quelle est la composition de l'acier? — Quels sont les procédés de fabrication de l'acier? — L'acier peut-il se forger? — Peut-il se mouler? — Comment trempe-t-on l'acier? — Quelles propriétés acquiert-il par cette opération? — Quels sont les emplois de l'acier trempé? — Que devient l'acier trempé si on le recuit.

X. — Autres composés métalliques.

239. Outre les composés métalliques dont nous avons parlé jusqu'ici et ceux dont il sera question dans le cours de minéralogie, il en existe encore un très grand nombre parmi lesquels on peut citer les suivants :

240. L'ALUN, sulfate double de potasse et d'alumine, employé en teinture comme *mordant*, c'est-à-dire pour faire adhérer les matières colorantes aux tissus.

241. L'HYPOCHLORITE DE POTASSE, dont la dissolution dans l'eau est connue sous le nom d'eau de javelle et qui est employé à peu près aux mêmes usages que le chlorure de chaux (212).

242. Le PHOSPHATE DE CHAUX, qui entre dans la composition des os, et que l'on trouve aussi au sein de la terre (205).

243. Le SULFATE DE FER, appelé aussi *couperose verte, vitriol vert*, employé, ainsi que nous le verrons plus tard, dans la fabrication de l'encre et dans la teinture en noir.

244. Le SULFATE DE CUIVRE ou *couperose bleue, vitriol bleu,* employé en teinture, et qui sert à injecter les traverses de chemin de fer, les poteaux télégraphiques, etc., pour en assurer la conservation.

245. Le PROTOXYDE DE PLOMB ou *litharge,* qui sert dans le vernissage des poteries communes et que l'on ajoute à l'huile de lin employée en peinture pour la rendre plus siccative, c'est-à-dire pour en hâter la dessiccation.

246. Le MINIUM, autre oxyde de plomb, un peu plus riche en oxygène que la litharge, que l'on emploie pour préserver le fer de la rouille, et qui entre dans la composition du cristal, de la cire à cacheter, de la couverte des poteries, etc.

247. Le CARBONATE DE PLOMB ou *céruse,* composé très dangereux à manier, employé pour faire le mastic des vitriers et pour peindre en blanc le bois et la pierre. C'est l'usage de la céruse qui provoque chez les peintres la douloureuse maladie connue sous le nom de *colique des peintres.*

248. L'OXYDE DE ZINC, vulgairement *blanc de zinc,* employé pour les peintures blanches, et qui est bien moins dangereux que la céruse pour la santé des ouvriers.

249. L'AZOTATE D'ARGENT ou *pierre infernale,* qui sert aux chirurgiens pour cautériser les plaies, et aux photographes pour rendre le collodion sensible à la lumière (100, 259). On l'emploie aussi pour argenter les métaux et les glaces, et pour marquer le linge.

QUESTIONNAIRE. — Que savez-vous de la composition et des usages des composés suivants : l'alun, l'eau de javelle, le phosphate de chaux, le sulfate de fer, le sulfate de cuivre, la litharge, le minium, la céruse, l'oxyde de zinc, l'azotate d'argent?

COMPOSÉS ORGANIQUES

250. On appelle *composés organiques* tous les composés d'origine végétale ou animale.

Certains de ces composés ne contiennent que du carbone et de l'hydrogène, comme le pétrole et la benzine; d'autres contiennent en même temps du carbone, de l'hydrogène et de l'oxygène, comme l'amidon, les sucres, l'alcool; d'autres enfin renferment en même temps du carbone, de l'hydrogène, de l'oxygène et de l'azote [1], comme la quinine, le blanc d'œuf. Quelques composés organiques renferment encore un peu de soufre, de phosphore, d'iode et quelques autres corps simples.

Dans l'étude élémentaire que nous devons faire des

[1] Les composés azotés peuvent se reconnaître à l'odeur spéciale de *corne brûlée* qu'ils répandent quand on les fait brûler, ou bien encore par le dégagement d'ammoniaque auquel ils donnent lieu lorsqu'on les chauffe en présence de la chaux.

composés organiques, nous nous bornerons à les diviser en composés *acides, basiques* et *neutres.*

QUESTIONNAIRE. — Qu'appelle-t-on composés organiques? — Quels sont les éléments de ces composés? — Comment peut-on les diviser?

I. — Composés acides.

251. Les acides organiques ont les mêmes propriétés que les acides minéraux. Comme eux, ils se combinent avec les bases pour former des sels, et ceux qui sont solubles rougissent le tournesol. Ils sont, le plus souvent, formés de carbone, d'oxygène et d'hydrogène.

Les acides organiques sont très nombreux. Nous n'étudierons que l'*acide acétique,* l'*acide oxalique,* l'*acide tartrique,* l'*acide tannique* et les *acides gras.*

252. ACIDE ACÉTIQUE. — L'acide acétique est un liquide incolore, d'une odeur et d'une saveur acides très prononcées. C'est l'élément essentiel du *vinaigre.*

On obtient le vinaigre en soumettant le vin à l'action simultanée de l'air et de ferments convenables. Sous cette double influence, l'alcool contenu dans le vin perd de l'hydrogène et gagne de l'oxygène, en se transformant ainsi en acide acétique. Pour que cette transformation s'accomplisse, il faut une température suffisante. Les ferments sont habituellement fournis par le vin déjà aigri.

La bière, le cidre et, en général, toutes les liqueurs alcooliques peuvent fournir du vinaigre par la fermentation.

On extrait une sorte de vinaigre des produits liquides que donne le bois quand on le décompose par la chaleur. Ce vinaigre, appelé *vinaigre de bois* ou *acide pyroligneux,* conserve souvent un goût de goudron et est dépourvu des principes aromatiques que contient le bon vinaigre de vin.

253. ACIDE OXALIQUE. — L'acide oxalique se présente sous la forme de petits cristaux transparents, incolores et solubles dans l'eau, d'une saveur très acide.

On le trouve dans l'oseille, où il forme, avec la potasse, de l'oxalate de potasse, sel appelé vulgairement *sel d'oseille;* c'est cet oxalate de potasse qui donne à l'oseille son goût et ses propriétés.

L'acide oxalique est employé dans les opérations de teinture. Dissous dans l'eau et additionné d'un peu d'acide sulfurique, il forme *l'eau de cuivre,* liquide employé à nettoyer le cuivre.

Le sel d'oseille peut servir à enlever du linge les taches d'encre et de rouille.

Lorsqu'on doit faire usage d'acide oxalique ou de sel d'oseille, il ne faut pas oublier que ces deux substances sont vénéneuses l'une et l'autre.

254. ACIDE TARTRIQUE. — L'acide tartrique forme de gros cristaux transparents, incolores, solubles dans l'eau, d'une saveur acide et agréable.

Ce corps existe dans un certain nombre de fruits, surtout dans le raisin, où il est combiné avec la potasse. Le tartrate de potasse forme la partie principale de la lie du vin.

L'acide tartrique, dissous dans une grande quantité d'eau et additionné de sucre, forme une limonade agréable. On emploie l'acide tartrique, ainsi que le tartrate de potasse, dans certaines opérations de teinture.

255. ACIDE TANNIQUE. — L'acide tannique ou *tannin* est le principe qui donne à l'écorce du chêne et à celle de presque tous les arbres leur saveur astringente spéciale [1]. Ce principe se trouve aussi dans les pellicules

_____

(1) La saveur *astringente* est cette saveur particulière dont celle de l'encre nous donne un exemple.

et les pépins de raisins, dans l'enveloppe verte des noix, dans les galles du chêne ([1]), ainsi que dans un grand nombre de parties des végétaux. C'est une substance d'un blanc jaunâtre à aspect spongieux, très soluble dans l'eau.

L'une des propriétés essentielles du tannin est de se combiner avec certaines substances animales et de les rendre incorruptibles. On utilise cette propriété dans le *tannage,* opération qui consiste à incorporer du tannin aux peaux des animaux pour les convertir en cuir.

Une autre propriété importante du tannin, c'est de se combiner avec l'oxyde de fer pour former un composé d'un noir très intense. On peut obtenir ce composé en ajoutant une dissolution d'un sel de fer, par exemple de sulfate de fer, à une décoction de noix de galle. On obtient immédiatement une liqueur d'un beau noir, qui n'est autre chose que de l'*encre* ([2]). On utilise cette réaction dans la teinture en noir.

256. ACIDES GRAS. — Les acides gras sont des composés qui se séparent des matières grasses quand on les traite par une base, par exemple par la potasse ou par la soude.

On appelle matières grasses ou corps gras des substances très combustibles formées de carbone, d'hydrogène et d'une petite quantité d'oxygène, qui ont toutes pour caractère de rendre le papier translucide en y formant des taches persistantes : tels sont les beurres, les huiles, les graisses, etc.

Si l'on fait bouillir un corps gras avec une base, avec la potasse par exemple, ce corps gras se décompose en abandonnant un ou plusieurs produits acides, appelés

---

([1]) Les galles du chêne sont ces excroissances en forme de boulettes qui se développent sur les jeunes rameaux des chênes, sous l'influence de la piqûre de certains insectes. On nomme plus particulièrement *noix de galle* une galle spéciale recueillie sur les chênes de la Syrie ou de l'Afrique septentrionale. C'est précisément de la noix de galle que l'on extrait le tannin.

([2]) Ainsi le principe colorant de l'encre est le *tannate de fer.*

acides gras, qui se combinent avec la base, en formant un *savon.*

Les principaux acides gras sont l'*acide stéarique* qui est solide et qui se trouve dans le suif, et l'*acide oléique* qui est liquide et se trouve dans l'huile.

L'opération par laquelle on décompose un corps gras pour en faire un savon se nomme *saponification.* Ce qui reste de ce corps gras après sa saponification est un liquide d'une saveur douce appelée *glycérine* (1).

Les savons de potasse et de soude sont solubles dans l'eau; ils servent à nettoyer le linge. La potasse et la soude seules pourraient servir à cet usage, mais leurs propriétés seraient trop énergiques et elles altéreraient les tissus. C'est en vue d'affaiblir leur action qu'on combine ces bases avec des acides gras.

L'acide stéarique est employé en grande quantité à la confection des bougies dites *bougies stéariques.*

QUESTIONNAIRE. — Quelles sont les propriétés générales des acides organiques? — Quelle en est habituellement la composition? — Quels sont les principaux acides organiques? — Qu'est-ce que l'acide acétique? — De quel liquide usuel est-il l'élément essentiel? — En quoi consiste la transformation du vin en vinaigre? — N'y a-t-il que le vin qui soit capable de se transformer en vinaigre? — Qu'est-ce que le vinaigre de bois ou acide pyroligneux? — En quoi ce vinaigre est-il inférieur à celui du vinaigre de vin? — Sous quelle forme l'acide oxalique se présente-t-il dans le commerce? — Dans quel végétal cet acide existe-t-il? — Quels en sont les usages? — Sous quelle forme l'acide tartrique se présente-t-il habituellement? — Dans quel fruit cet acide se trouve-t-il en abondance? — A quel état y existe-t-il? — Quels sont les usages de l'acide tartrique? — Qu'est-ce que l'acide tannique ou tannin? — Citez des substances végétales qui renferment ce principe. — Citez l'une des propriétés essentielles du tannin. — En quoi consiste l'opération du tannage? — Quel est le composé que le tannin forme avec l'oxyde de fer? — Comment peut-on obtenir ce composé? — Quel

(1) La glycérine, traitée par l'acide azotique, se transforme en un produit éminemment explosible appelé *nitro-glycérine,* qui est la matière première employée dans la fabrication de la *dynamite.*

est le principe colorant de l'encre ordinaire ainsi que celui de la teinture en noir? — Qu'entend-on par corps gras? — Quels sont les principaux corps gras? — Qu'appelle-t-on acides gras? — Quels sont les principaux acides gras? — Qu'appelle-t-on saponification et savons? — Qu'est-ce que la glycérine? — A quoi servent les savons de soude et de potasse? — Pourquoi ne peut-on pas employer la potasse ou la soude seule pour nettoyer le linge? — Quel est l'emploi de l'acide stéarique?

II. — Composés basiques.

257. Les composés organiques basiques sont quelquefois appelés *alcaloïdes* ou *alcalis organiques,* à cause de la ressemblance de leurs propriétés avec celles des bases minérales énergiques (potasse, soude, ammoniaque), que l'on appelle souvent *alcalis.* Ces alcaloïdes ramènent au bleu la teinture de tournesol rougie par les acides, et se combinent avec ces derniers corps pour former des sels.

Les alcaloïdes sont formés ordinairement d'oxygène, d'hydrogène, de carbone et d'azote. Ils constituent les plus violents poisons que l'on connaisse. Quelques gouttes d'une dissolution d'un alcaloïde, introduites dans une blessure, peuvent tuer immédiatement un homme, un chien, un animal quelconque. Cependant les médecins font entrer ces substances en très faible quantité dans la composition de certains médicaments.

Les principaux alcaloïdes sont : la *quinine,* qui s'extrait du quinquina; la *morphine* et la *narcotine,* que l'on trouve dans l'opium; la *strychnine,* qui se tire de la noix vomique, et la *nicotine,* qui se trouve dans le tabac.

QUESTIONNAIRE. — Quelles sont les propriétés générales des composés organiques basiques? — Comment nomme-t-on quelquefois ces composés? — De quoi ces corps sont-ils formés? — Quelle est l'action des alcaloïdes sur l'économie animale? — Nommez les principaux alcaloïdes, en indiquant les produits végétaux qui les contiennent.

III. — Composés neutres.

258. Les principaux composés organiques neutres sont : la *cellulose*, les *fécules*, les *sucres*, les *corps gras*, et les *principes azotés* ([1]).

259. CELLULOSE. — La cellulose est la substance qui forme la base des tissus des végétaux. Cette substance paraît avoir la même composition dans toutes les plantes. Elle est formée de carbone, d'oxygène et d'hydrogène.

Le tissu des végétaux observé au microscope se montre formé tantôt de *cellules* ou petits sacs renfermant des produits divers, tantôt de *fibres* ou filaments incrustés de matières dures, tantôt de *vaisseaux*, longs tubes déliés qui servent au transport de la sève. Ces cellules, ces fibres et ces vaisseaux sont toujours constitués par la *cellulose*.

Le coton, la moelle de sureau, le vieux linge, le papier, sont formés de cellulose presque pure.

La cellulose est susceptible d'éprouver des transformations remarquables. Ainsi, traitée par l'acide sulfurique, elle se convertit en une espèce de sucre appelé *glucose;* par l'action de l'acide azotique, elle se transforme en une substance inflammable et plus explosible que la poudre, substance appelée *pyroxyle* ou *coton-poudre,* parce que c'est surtout avec le coton qu'on la prépare ([2]).

260. FÉCULE, AMIDON. — On donne le nom de *fécule* ou *amidon* à une substance que l'on trouve sous la forme de petits grains arrondis dans les cellules de certaines parties de plantes. Cette substance est formée, comme la cellulose, de carbone, d'oxygène et d'hydrogène. Elle est très abondante dans les pommes de terre, dans les grains du blé et des autres céréales, ainsi que dans les haricots, les pois, les lentilles, etc. Celle qui s'extrait du blé et des

([1]) On peut y ajouter les hydrocarbures ou carbures d'hydrogène dont nous avons précédemment parlé (183).
([2]) La dissolution de coton-poudre dans l'alcool additionné d'éther constitue le *collodion* des photographes et des chirurgiens.

autres céréales est désignée habituellement sous le nom
d'*amidon*, et celle que l'on retire de la pomme de terre
s'appelle plus particulièrement *fécule*.

La fécule et l'amidon ont la même composition chimique et les mêmes propriétés : on les désigne sous le
nom général de *substance* ou *matière amylacée*.

La matière amylacée, traitée par l'eau bouillante, se
transforme en une sorte de gelée transparente appelée
empois, qui sert à coller les papiers, à empeser le linge,
à apprêter les calicots et les toiles.

Comme la cellulose, la matière amylacée se transforme
en sucre par l'action de l'acide sulfurique.

On reconnaît les plus petites quantités de matière
amylacée dans une substance au moyen d'une dissolution
d'iode, qui colore rapidement en bleu tous les grains de
fécule et d'amidon.

261. La matière amylacée soumise à une température de
150 degrés se modifie sans changer de composition, et se
transforme en un produit soluble dans l'eau, comme la
gomme, et appelé *dextrine*. Lorsqu'on fait agir l'acide sulfurique sur la matière amylacée, celle-ci se transforme d'abord
en dextrine, et ce n'est que par une action plus prolongée
de l'acide que la dextrine se transforme à son tour et se
convertit en glucose. — La dextrine est employée à quelques-
uns des usages de la gomme.

262. SUCRES; ALCOOL. — On donne le nom de *sucres*
à des substances solubles dans l'eau, ayant une saveur
douce et jouissant de la propriété de se convertir en
alcool et en acide carbonique sous l'influence de ferments
convenables.

Les sucres sont très répandus dans le règne végétal ;
ils sont toujours formés de carbone, d'oxygène et
d'hydrogène. Les principaux sont le *sucre ordinaire* et
le *glucose*.

Le **sucre ordinaire** s'extrait surtout de la canne à sucre et de la betterave. Dans quelques pays, on en retire des noix de coco, de la tige du maïs et de la sève de certains arbres. On peut encore en retirer des melons, des carottes, des abricots et d'un grand nombre d'autres fruits.

Le **glucose** est inférieur en qualité au sucre ordinaire; il se trouve dans le miel et dans les fruits desséchés, à la surface desquels il forme une sorte de poudre blanche.

Nous avons vu que la cellulose, l'amidon et la fécule peuvent se transformer en glucose par l'action de l'acide sulfurique. Cette transformation peut encore s'effectuer sous l'influence de certains agents, tels que l'orge germée ou la salive animale.

Le glucose est employé à la place du sucre ordinaire pour faire des sirops et des confitures, pour conserver des fruits, pour sucrer les pâtisseries communes, etc.

263. Tous les sucres se transforment, par la fermentation, en alcool et en acide carbonique. Cette transformation est appelée *fermentation alcoolique,* pour la distinguer de la *fermentation sucrée,* qui est la transformation de la cellulose ou de la matière amylacée en glucose, et de la *fermentation acide,* qui est la transformation de l'alcool en acide acétique.

Les substances capables de faire fermenter les sucres paraissent être de petits corps microscopiques, se multipliant à la manière des végétaux, qui existent en abondance dans la levure de bière, le moût de raisin, ainsi que dans la pâte de farine aigrie. Pour que la fermentation alcoolique se produise, il faut une température de 15 à 30 degrés, et la présence de l'oxygène ou de l'air [1].

264. C'est à la fermentation alcoolique que sont dues

[1] Les ferments paraissent être les agents de toute espèce de fermentation et de décomposition. Une substance organique que l'on préserverait des ferments pourrait se conserver indéfiniment. Chaque sorte de fermentation ou de décomposition est due à un ferment spécial. On appelle substances *antiseptiques* les substances qui s'opposent à l'action des ferments; tels sont l'alcool, le sel marin, l'acide sulfureux, l'acide phénique, le tannin.

les *boissons fermentées,* dont les principales sont le vin, le cidre et la bière.

Le *vin* provient du jus du raisin dont le sucre s'est transformé en alcool.

Le *cidre* provient du jus des pommes dont le sucre a subi la même transformation.

La *bière* résulte de deux fermentations successives de la matière amylacée contenue dans l'orge. A la suite d'une première fermentation, la matière amylacée se change en sucre, et par suite d'une seconde fermentation le sucre se transforme en alcool. L'amertume, ainsi que l'arome spécial que possède la bière, lui sont communiqués par les fleurs de houblon que l'on y fait infuser entre les deux fermentations.

265. On appelle *eaux-de-vie* des mélanges, en quantités variables, d'eau et d'alcool, que l'on obtient par la distillation du vin et des autres liqueurs alcooliques. Toute substance amylacée pouvant se transformer en sucre, et toute matière sucrée pouvant devenir de l'alcool, il en résulte qu'on peut obtenir de l'alcool ou de l'eau-de-vie de toute espèce de substance amylacée ou sucrée. Ainsi on peut en obtenir du jus des raisins, de celui des pommes et des groseilles, du suc de la betterave, de toute espèce de grains, des pommes de terre, etc.

266. Le *pain* est une pâte cuite faite de farine de froment et qui a fermenté quelque temps. Par cette fermentation l'amidon de la farine se transforme partiellement en sucre, et le sucre que contient naturellement la farine se transforme en alcool et en acide carbonique. Cet acide carbonique, en se dégageant, fait lever la pâte et produit dans le pain les trous qu'on y observe.

267. CORPS GRAS. — Nous avons parlé des corps gras à l'occasion des acides gras (256).

268. PRINCIPES AZOTÉS. — Les principes organiques

azotés les plus importants sont : *l'albumine*, la *fibrine*, la *caséine*, le *gluten* et la *gélatine*. Ces substances, surtout les quatre premières, ont beaucoup de ressemblance par leur composition et par leurs propriétés ; on les désigne quelquefois par le nom commun de *substances albuminoïdes*. Elles contiennent du carbone, de l'oxygène, de l'hydrogène, de l'azote et de petites quantités de soufre et de phosphore. Ce sont des aliments importants ayant une grande valeur nutritive. Toutes ces matières se décomposent facilement au contact de l'air et de l'humidité, en dégageant des gaz infects et malsains.

L'albumine forme presque entièrement le blanc des œufs ; elle existe à l'état de dissolution dans le sang et dans les autres liquides du corps des animaux [1].

La **fibrine** forme les fibres de la chair ; elle existe aussi, comme l'albumine, à l'état de dissolution dans la plupart des liquides des animaux.

La **caséine** existe surtout dans le lait ; c'est la matière du fromage.

Le **gluten** est la matière azotée des grains de blé, de seigle et des autres céréales. C'est cette substance qui donne au pain sa valeur nutritive.

La **gélatine** est la substance que l'on obtient quand on a fait bouillir longtemps dans l'eau certaines matières animales, telles que de la peau, des cartilages, de la corne. C'est un produit soluble dans l'eau, dont on fait la colle forte et la colle à bouche. La matière animale des os se transforme aussi par l'eau bouillante en une substance analogue à la gélatine et qui est employée aux mêmes usages.

QUESTIONNAIRE. — Qu'est-ce que la cellulose ? — Quelle en est la composition ? — Citez des substances formées de cellulose. — Quelle transformation la cellulose subit-elle au contact de l'acide

[1] Les dissolutions d'albumine ont la propriété de se coaguler, c'est-à-dire de se prendre en masse solide par l'action de la chaleur. C'est ce qui se produit dans la cuisson des œufs et du sang.

sulfurique? — Quelle transformation subit-elle au contact de l'acide azotique? — Qu'appelle-t-on fécule ou amidon? — Quelle est la composition de cette substance? — Nommez des plantes qui en contiennent. — Y a-t-il une différence essentielle entre la fécule et l'amidon? — Par quel terme général désigne-t-on l'une et l'autre de ces deux substances? — En quoi consiste l'empois? — Quels en sont les usages? — Quelle transformation la matière amylacée subit-elle au contact de l'acide sulfurique? — Quelle action éprouve-t-elle de la part de l'iode? — Dans quelles circonstances la matière amylacée se transforme-t-elle en dextrine? — Quelles sont les propriétés de cette dernière substance? — Qu'appelle-t-on sucres en général? — De quoi les sucres sont-ils formés? — Quels sont les principaux sucres? — D'où s'extrait le sucre ordinaire? — D'où pourrait-on encore extraire du sucre? — Dans quelle substance trouve-t-on le glucose? — Ne peut-on pas en produire artificiellement? — Quels sont les emplois du glucose? — Quel nom donne-t-on à la transformation du sucre en alcool? — En quoi consistent les ferments? — Quelles sont les conditions nécessaires pour que la fermentation alcoolique puisse se produire? — Qu'est-ce que le vin, — la bière, — l'eau-de-vie? — Faites comprendre comment toute espèce de matière sucrée ou amylacée peut fournir de l'alcool. — Quels sont les phénomènes chimiques qui se passent dans la fabrication du pain? — Nommez des principes organiques azotés. — De quoi ces principes organiques sont-ils formés? — Qu'appelle-t-on substances albuminoïdes? — Quelle est l'action de l'air et de l'humidité sur les matières azotées? — Dites quelques mots sur l'albumine, — la fibrine, — la caséine, — le gluten, — la gélatine.

PROBLÈMES

1. Quel est le poids de l'air qui contient 25 litres d'oxygène ?

2. Quel est le poids d'azote que contient 1 mètre cube d'air ?

3. Quel est le volume d'air qui renferme 100 grammes d'azote ? Combien pèse cet air ?

4. Quels sont les poids d'oxygène et d'azote contenus dans 100 grammes d'air ?

5. Trouver le poids de l'hydrogène et celui de l'oxygène contenus dans 1 litre d'eau.

6. Calculer le volume qu'occuperait séparément chacun de ces deux gaz.

7. La chaleur développée par la combustion de 1 kilogramme de charbon de bois a pu fondre 77^{kg}468 de glace :

1° Quelle est la puissance calorifique de cette espèce de charbon, c'est-à-dire combien 1 kilogramme de ce charbon développe-t-il d'unités de chaleur (^{1}) en brûlant ?

2° Combien ce charbon contient-il pour 100 de carbone, sachant que la puissance calorifique du carbone est de 7200 unités de chaleur ?

3° Quel serait le prix de 10000 unités de chaleur produites par la combustion de ce charbon, si 1 hectolitre de ce charbon pèse 20 kilogrammes et s'il coûte 4 fr. 50 ?

8. L'hectolitre d'une espèce de houille pèse 84 kilogrammes et coûte 4 fr.; la puissance calorifique de cette houille est 7500 unités de chaleur. On demande le prix de 10000 unités de chaleur obtenues par la combustion de cette houille.

9. Dans l'acide carbonique, le poids de l'oxygène est au poids du carbone comme 8 est à 3.

1° Quel est le poids d'oxygène qui sera nécessaire pour brûler complètement 1 kilogramme de charbon renfermant 85 pour 100 de carbone, et quel est le volume d'air qui contient cet oxygène ?

2° Quelle est la quantité d'air qu'il faudra faire passer par minute sur un foyer pour pouvoir y faire brûler 4 kilogrammes de charbon par heure, ce foyer laissant sans emploi la moitié de l'air qui y pénètre ?

(^{1}) Nous avons vu, dans le cours de physique, que l'on entend par unité de chaleur la quantité de chaleur capable d'élever d'un degré la température d'un kilogramme d'eau. — Nous avons vu aussi qu'un kilogramme de glace exige, pour se fondre, 79 unités de chaleur.

3º Quelle quantité d'eau pourra-t-on chauffer de 6 à 30 degrés, avec la chaleur produite par ce foyer en 12 heures?

On admettra pour la puissance calorifique du charbon le nombre trouvé au problème nº 7.

10. Une houille grasse donne 24 mètres cubes de gaz et 70 kilogrammes de coke pour 100 kilogrammes de houille. Une usine à gaz paie cette houille 3 fr. 30 c. l'hectolitre du poids de 84 kilogrammes, et vend le coke 2 fr. 80 c. les 100 kilogrammes. On demande à quel prix reviendrait, d'après cela, le mètre cube de gaz, si l'on ne tenait pas compte des frais de fabrication.

11. L'acide sulfurique du commerce a la composition suivante :

Soufre .... 16 parties en poids
Oxygène .... 24　—
Eau .... 9　—

On demande combien il faudrait de soufre pour obtenir 100 litres de cet acide, en supposant qu'il ne s'en perdit pas dans la fabrication. La densité de l'acide sulfurique est 1,842.

12. Les os des animaux contiennent environ 50 pour 100 de leur poids en phosphate de chaux. Ce phosphate de chaux est formé de 71 parties d'acide phosphorique pour 84 parties de chaux. Enfin, l'acide phosphorique contient environ 44 pour 100 de phosphore. Combien pourra-t-on retirer au plus de phosphore de 100 kilogrammes d'os, sachant qu'on en perd au moins la moitié par les procédés d'extraction usités?

13. Le chlore et l'hydrogène s'unissent à volumes égaux pour former l'acide chlorhydrique, et le volume de l'acide chlorhydrique produit est égal à la somme des volumes des deux gaz séparés.

La densité du chlore (rapportée à l'air) est de 2,44, et celle de l'hydrogène est 0,0692.

On sait que l'eau, à la température de 20 degrés, est capable de dissoudre 460 fois son volume d'acide chlorhydrique.

On demande quel est le poids de chlore que contient 1 litre d'eau à 20º degrés, supposée saturée d'acide chlorhydrique.

14. La soudure des ferblantiers est formée de poids égaux de plomb et d'étain, tandis que la soudure des plombiers renferme deux fois plus de plomb que d'étain. On demande le poids de plomb qu'il faut fondre avec 1 kilogramme de soudure des ferblantiers pour la transformer en soudure des plombiers.

15. Le bronze des statues du parc de Versailles a la composition suivante :

Cuivre........................... 91 parties
Étain.............................. 6
Zinc 2
Plomb............................. 1

Combien 1 kilogramme de ce bronze renferme-t-il de chacun des métaux constituants ?

16. La fonte soumise à l'affinage donne environ 75 pour 100 de son poids de fer en barres. Quel poids de fonte faut-il soumettre à l'affinage pour obtenir 100 kilogrammes de fer ?

17. La composition de la poudre de guerre en France est la suivante :

Salpêtre........................... 75 parties
Soufre............................. 12,5
Charbon 12,5

Combien de soufre et de charbon faut-il mêler à 1000 kilogrammes de salpêtre pour en faire de la poudre ayant cette composition ?

18. Le carbonate de chaux contient 22 parties d'acide carbonique pour 28 de chaux. Combien 10000 kilogrammes de carbonate de chaux pur peuvent-ils donner de chaux ?

19. Dans la fabrication des glaces, on emploie un verre formé de :

Silice............................. 15 parties
Chaux 14
Potasse 23,5

La silice, la chaux et la potasse ont les compositions suivantes :

SILICE		CHAUX		POTASSE	
Silicium.......	21	Calcium.......	20	Potassium.....	39
Oxygène.......	24	Oxygène......	8	Oxygène......	8

On demande combien 100 kilogrammes de ce verre contiennent d'oxygène, de silicium, de calcium et de potassium.

20. On demande combien d'acide chlorhydrique et de sulfate de soude on obtiendra en traitant par l'acide sulfurique 500 kilogrammes de sel marin. Le sel marin, l'acide chlorhydrique et le sulfate de soude ont les compositions suivantes :

SEL MARIN		ACIDE CHLORHYDRIQUE		SULFATE DE SOUDE	
Chlore.........	35,5	Chlore.........	35,5	Acide sulfurique...	40
Sodium........	23	Hydrogène.....	1	Oxygène..........	8
				Sodium..........	23

21. Dans la fermentation sucrée, l'amidon se transforme en glucose en s'assimilant une certaine quantité d'oxygène et d'hydrogène; le poids du carbone reste le même. Quel poids de glucose pourrait-on obtenir avec 100 kil. d'amidon ?

Composition de l'amidon et du glucose :

AMIDON		GLUCOSE	
Carbone..............	36	Carbone..............	36
Hydrogène...........	5	Hydrogène...........	7
Oxygène.............	40	Oxygène.............	36

22. Dans la fermentation alcoolique, le glucose se transforme en alcool en perdant 1/3 du carbone qu'il contient, 1/7 de son hydrogène et 5/7 de son oxygène. Combien le poids de glucose trouvé au problème précédent pourra-t-il donner d'alcool? Quel serait le volume de cet alcool, sachant que sa densité est 0,79?

23. L'oxygène, l'hydrogène et le carbone perdus par le glucose pendant la fermentation alcoolique produisent de l'eau et de l'acide carbonique. Trouver le poids de chacun de ces deux corps produits par la fermentation de la quantité de glucose considérée dans le problème précédent. Trouver aussi le volume occupé par l'acide carbonique, sachant que ce gaz pèse environ 1 fois et demie autant que l'air.

24. On demande quel volume d'eau-de-vie à 55 degrés donnerait la quantité d'alcool trouvée au problème 22. On sait qu'on entend par eau-de-vie à 55 degrés un mélange d'eau et d'alcool renfermant 55 pour 100 de son volume en alcool.

25. Le vin de Bordeaux contient en moyenne 9 pour 100 de son poids en alcool; sa densité est 0,994. On demande quelle est la quantité de glucose nécessaire pour produire l'alcool contenu dans une pièce de vin dont la capacité est de 225 litres.

26. Un boulanger fait 102 pains de 2 kilogrammes avec un sac de farine de 157 kilogrammes. Sachant que cette farine contient 9,12 pour 100 de matières azotées, on demande combien le pain obtenu contient pour 100 de ces matières.

27. La viande contenant 21 pour 100 de matières azotées, trouver le poids de viande qui contient autant de ces matières qu'un kilogramme de pain.

28. Pour que l'homme puisse vivre, il faut qu'il absorbe journellement 310 grammes de carbone en moyenne et 130 grammes de matières azotées. On demande quelle quantité de pain et de viande il faut faire entrer dans l'alimentation journalière de l'homme pour fournir à la fois la quantité de carbone et la quantité de matières azotées nécessaires. La richesse du pain et de la viande en carbone et en matières azotées est indiquée par le tableau suivant :

	PAIN		VIANDE	
Carbone..............	30	p. 100	 11	p. 100
Matières azotées........	7,02		 21	

HISTOIRE NATURELLE

NOTIONS PRÉLIMINAIRES

269. L'histoire naturelle est la science qui a pour objet la connaissance de tous les corps existant à la surface de la terre ou se trouvant dans son intérieur.

Tous les corps de la nature se divisent en corps *organisés* ou *vivants* et en corps *inorganiques*. Les corps organisés sont composés d'organes, c'est-à-dire de parties ayant chacune une fonction particulière à remplir; ils naissent, vivent et meurent. Les corps inorganiques sont dépourvus de vie et d'organes.

Les corps organisés comprennent les *animaux* et les *végétaux*, et les corps inorganiques comprennent les *minéraux*.

Ainsi l'histoire naturelle se divise en trois parties: la *zoologie*, qui traite des animaux; la *botanique*, qui traite des végétaux, et la *minéralogie*, qui traite des minéraux (1).

QUESTIONNAIRE. — Qu'est-ce que l'histoire naturelle? — Comment divise-t-on tous les corps de la nature? — En quoi les corps organisés diffèrent-ils des corps inorganiques? — Que comprennent les corps organisés? — Que comprennent les corps inorganiques? — Combien de parties l'histoire naturelle comprend-elle?

(1) A la minéralogie se rattache la *géologie*, science qui traite de l'origine et de l'arrangement des matériaux qui forment la partie du sol accessible à nos observations.

ZOOLOGIE

271. Nous venons de voir que la *zoologie* est la partie
de l'histoire naturelle qui traite des animaux.

Les animaux sont des êtres organisés qui ont la faculté
de sentir et de se mouvoir.

272. Le corps des animaux présente cinq sortes principales d'organes qui sont : les organes de la *digestion*,
de la *circulation*, de la *respiration*, du *mouvement* et
de la *sensibilité*.

Les organes de la digestion, de la circulation et de la respiration sont réunis sous le nom général d'organes de *nutrition*,
parce que c'est par leur intermédiaire que les animaux entre-
tiennent leur existence. Quant aux organes du mouvement et
de la sensibilité, on les désigne par l'expression générale d'organes de *relation*, parce qu'ils servent à mettre les animaux
en rapport, en relation, avec les objets qui les entourent.

QUESTIONNAIRE. — Définissez les animaux? — Combien les animaux ont-ils de sortes principales d'organes? — Comment peut-on
classer ces organes?

De la digestion.

273. La digestion est la fonction par laquelle les animaux transforment les parties nutritives de leurs aliments
en produits liquides destinés à être absorbés par le sang.

La digestion commence dans la bouche; elle se continue
dans l'estomac et s'achève dans les intestins.

Dans la bouche, les aliments sont broyés par les dents
et imbibés par la salive.

La salive est un liquide fourni par des glandes nombreuses situées dans l'épaisseur des parois de la bouche.
Son rôle est de faciliter l'action des dents en imbibant les
aliments, et, en outre, de transformer en *glucose* (262)

et, par suite, en un produit soluble, les principes amylacés qu'ils contiennent.

Les dents sont de petits corps de nature osseuse qui garnissent le bord des mâchoires. Les dents de devant, qui sont, dans l'homme, au nombre de huit (quatre à chaque mâchoire), servent à couper les aliments; on les appelle *incisives* (fig. 53). Les suivantes, appelées *canines*, servent à déchirer les aliments; il y en a quatre, une de chaque côté des incisives. Les autres dents, qui sont au nombre de vingt, servent à broyer les aliments; on les appelle *molaires*. L'homme a donc en tout 32 dents.

Fig. 53. — *Les huit dents de la partie droite de la mâchoire inférieure*

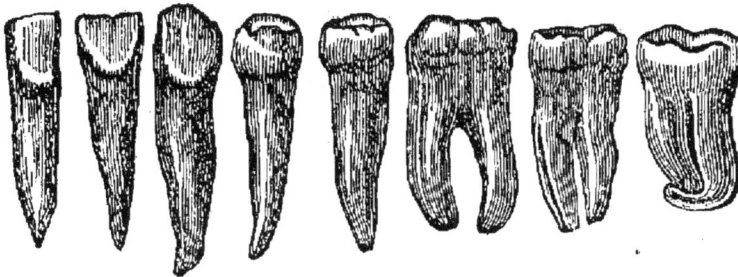

Incisives. Canine. Petites molaires. Grosses molaires.

Les aliments, convertis dans la bouche en une espèce de pâte, sont rejetés par la langue dans le *pharynx* ou *arrière-bouche*, d'où ils passent dans l'*œsophage*. On appelle ainsi un conduit qui descend à travers le cou et la poitrine et qui va s'ouvrir dans l'estomac (fig. 54).

274. Les aliments demeurent dans l'estomac plusieurs heures et, pendant ce temps, ils sont soumis à l'action du *suc gastrique,* liqueur acide fournie par l'estomac lui-même. Sous cette action, les principes azotés des aliments : fibrine, albumine, etc. (268), sont liquéfiés, et, pénétrant à travers les parois de l'estomac, sont reçus par de nombreuses veines qui circulent dans l'épaisseur de ces mêmes parois.

275. Ce qui reste des aliments passe dans l'*intestin grêle*, long tube faisant dans l'abdomen un grand nombre de circonvolutions. Là, deux nouveaux liquides viennent agir sur la matière alimentaire : le *suc pancréatique*, fourni par le *pancréas*, et la *bile*, fournie par le *foie*. Sous cette nouvelle influence, les matières amylacées, déjà attaquées par la salive, achèvent de se transformer en glucose, en même temps que les corps gras deviennent capables d'être absorbés par les parois de l'intes-

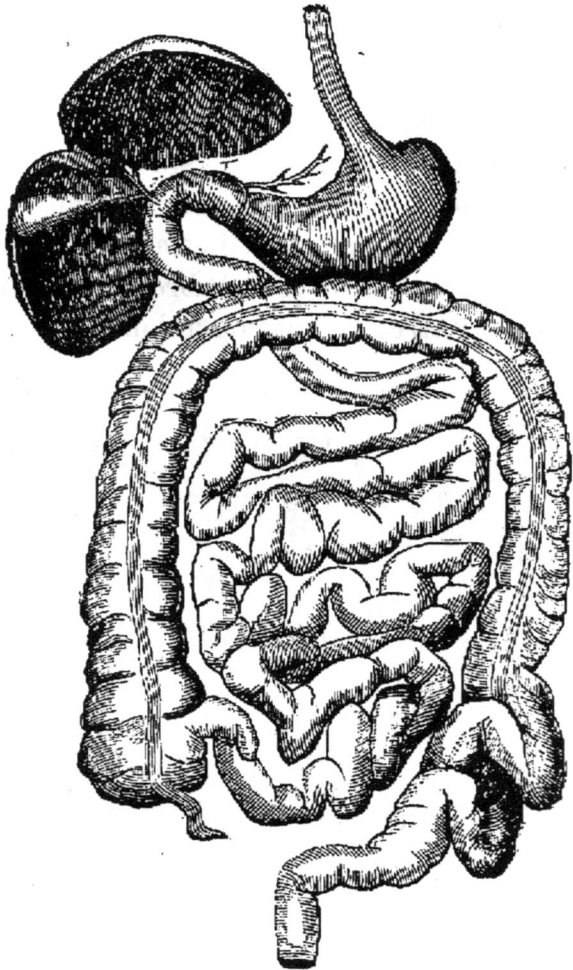

Fig. 84.— Estomac, foie et intestins [1].

tin. La matière alimentaire se dédouble ainsi en un liquide jaunâtre, appelé *chyle*, formé par les produits

(1) Cette figure montre la place du foie, à droite et au-dessus de l'estomac. Le *pancréas*, organe beaucoup moins volumineux que le foie, est situé au-dessous de l'estomac, dans un repli formé par l'intestin grêle. — Il n'est pas indiqué sur le dessin. — Dans cette figure, comme dans toutes celles qui suivent, le côté gauche du dessin correspond au côté droit de l'organe ou du corps de l'animal, que l'on est censé observer par devant.

absorbables (glucose, corps gras émulsionnés) et en matière fécale qui s'en sépare. Le chyle est promené lentement dans l'intestin grêle par les contractions de ce canal; mais à mesure qu'il avance, il est absorbé peu à peu par une infinité de petits vaisseaux qui prennent naissance sur tous les points de la membrane intestinale, et que l'on appelle *vaisseaux chylifères*.

Les vaisseaux chylifères se réunissant en branches de plus en plus grosses, vont aboutir à un canal qui s'élève de l'abdomen, traverse la poitrine et se termine à une veine située sous l'épaule gauche. C'est dans cette veine que le chyle se mêle au sang et se confond dès lors avec ce liquide.

Le résidu de la digestion s'accumule dans un conduit d'un gros diamètre, qui fait suite à l'intestin grêle, et qu'on appelle *gros intestin*. Il est ensuite, de là, expulsé au dehors.

QUESTIONNAIRE. — En quoi consiste la digestion? — Dans quels organes cette fonction s'accomplit-elle? — Quel est le rôle de la salive? — Décrivez le système dentaire de l'homme? — Quelle voie les aliments suivent-ils pour se rendre de la bouche dans l'estomac? — Quelle est la fonction qui s'accomplit dans cet organe? — En quoi consiste l'intestin grêle? — Quelle est la fonction qui s'accomplit dans ce dernier organe? — Qu'est-ce que le chyle? — Où passe le chyle après sa formation? — Où se rend le résidu de la digestion?

De la Circulation.

276. La circulation, dans l'homme et les animaux supérieurs, consiste dans le transport du sang de toutes les parties du corps aux poumons, pour y subir l'acte de la respiration, puis des poumons dans toutes les parties du corps, pour servir à l'entretien des organes.

277. Le sang est un liquide composé d'eau tenant en dissolution de la fibrine, de l'albumine (268), du glucose

et des sels, tels que du chlorure de sodium, du phosphate
et du carbonate de chaux, etc. Il doit sa couleur à une
multitude de corpuscules rouges appelés *globules sanguins* qui s'y tiennent en suspension, et qui ne sont
d'ailleurs visibles qu'au microscope.

Le sang tient aussi en suspension des matières grasses.

Si l'on abandonne au repos le sang extrait des vaisseaux
d'un animal, la fibrine qu'il contient ne tarde pas à s'en
séparer, et se dépose en entraînant les globules sanguins.
Ce dépôt constitue les *caillots* du sang coagulé. Ce qui reste
du sang n'est plus qu'un liquide jaunâtre et transparent
appelé *sérum,* formé d'eau, d'albumine et de sels.

278. Les organes de la circulation sont les *vaisseaux*
et le *cœur.*

Les **vaisseaux** sont les canaux dans lesquels le sang
circule. On distingue deux sortes de vaisseaux : les *artères*
et les *veines.* Les artères sont des vaisseaux par lesquels
le sang est conduit du cœur dans toutes les parties du
corps, et les veines sont ceux par lesquels le sang est
conduit de toutes les parties du corps au cœur. Les artères
ont les parois résistantes et élastiques. En s'éloignant du
cœur, elles se subdivisent en vaisseaux de plus en plus
petits ; leurs dernières ramifications sont tellement fines,
qu'on ne peut pas les voir à l'œil nu ; on les appelle *vaisseaux capillaires.* Ces vaisseaux capillaires sont en même
temps la terminaison des artères et le commencement
des veines, et c'est en les traversant que le sang cède aux
organes les éléments qui sont nécessaires à leur entretien.

Les veines ont les parois moins épaisses et moins
résistantes que les artères, et elles sont situées plus près
de la surface du corps ; le sang qu'elles contiennent est
rouge noirâtre et appelé sang *veineux,* tandis que le sang
contenu dans les artères est d'un rouge vermeil et est
appelé sang *artériel.*

279. Le **cœur** est l'organe chargé de mettre le sang en mouvement. C'est une sorte de sac à parois épaisses et charnues, situé dans la poitrine entre les deux poumons et un peu dirigé vers la gauche (fig. 55 et 56). Il est divisé intérieurement en deux parties par une cloison à peu près verticale, et chaque partie est divisée à son tour en deux

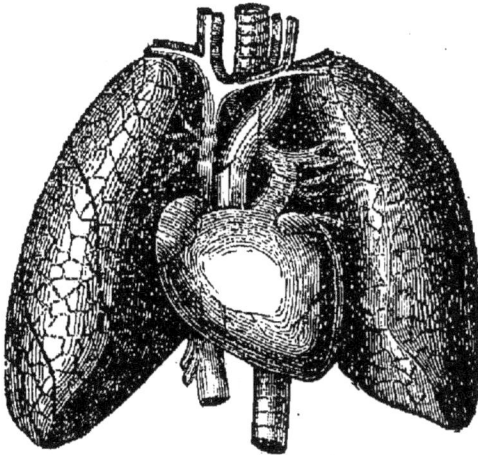

FIG. 55. — Le cœur entre les deux poumons.

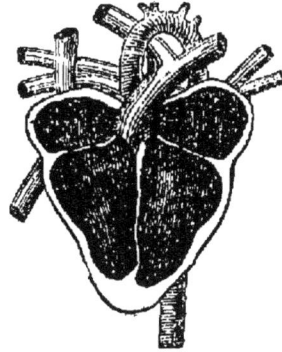

FIG. 56.
Coupe théorique du cœur.

cavités placées l'une au-dessus de l'autre et communiquant ensemble par une ouverture. La cavité supérieure se nomme *oreillette*, et la cavité inférieure *ventricule*.

280. Le sang veineux, apporté de toutes les parties du corps, est versé dans l'oreillette droite par deux grosses veines : la *veine cave supérieure* et la *veine cave inférieure*. De l'oreillette droite, il passe dans le ventricule droit, puis dans l'*artère pulmonaire*, gros vaisseau qui se rend aux poumons en s'y subdivisant en une infinité de vaisseaux capillaires (fig. 57).

C'est dans les vaisseaux capillaires des poumons que le sang subit le contact de l'air, qu'il perd la couleur noirâtre du sang veineux pour prendre la couleur rouge vermeil du sang artériel.

Ces vaisseaux capillaires, en se réunissant de nouveau,

forment quatre petits vaisseaux, appelés *veines pulmo-naires*, par lesquels le sang est amené dans l'oreillette gauche du cœur, d'où il passe dans le ventricule gauche.

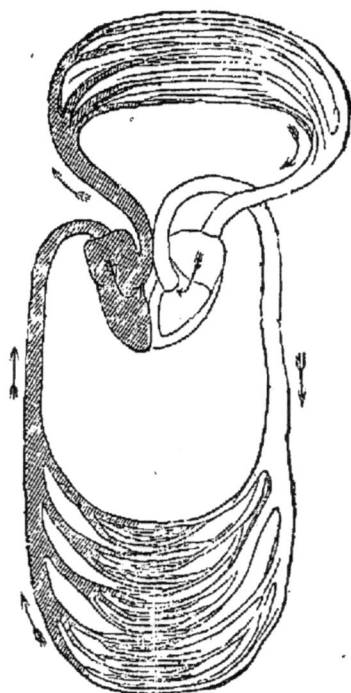

Fig. 57.
Fig. théorique de la circulation (1)

De cette dernière cavité, il s'élance dans une grosse artère appelée *aorte*, qui, en se rami-fiant, le distribue dans toutes les parties du corps.

281. Le mouvement du sang dans les veines et dans les artè-res est dû aux battements du cœur. Ces battements consistent en mouvements alternatifs de contraction et de dilatation des cavités qui le composent. Lors-que, par exemple, le ventricule droit se dilate, le sang y pénètre de l'oreillette droite, et lorsqu'il se contracte, il pousse le sang dans l'artère pulmonaire. Des replis membraneux, jouant le rôle de soupapes, sont placés aux orifices par lesquels les oreillettes communiquent avec les ventricules, ainsi qu'à l'entrée de l'artère pulmonaire et de l'aorte : ces soupapes sont disposées de manière à s'opposer au retour du sang en arrière.

Dans l'intérieur des veines, il y a de pareilles soupapes destinées à jouer un rôle analogue.

QUESTIONNAIRE. — Qu'est-ce que la circulation? — En quoi consiste le sang? — Quelle en est la composition? — Quels sont les organes de la circulation dans l'homme? — Combien y a-t-il de

(1) Les veines, ainsi que les cavités du cœur traversées par le sang veineux, sont ombrées; les parties dessinées au trait contiennent le sang artériel. — A la partie supérieure de la figure, on a simulé les vaisseaux capillaires des poumons, et à la partie inférieure, les vaisseaux capillaires des diverses parties du corps.

sortes de vaisseaux? — Quelle différence y a-t-il entre les artères et les veines, eu égard à leur rôle? — à la nature de leurs parois? — à leur position? — à la nature du sang que ces vaisseaux charrient? — Comment le sang passe-t-il des artères dans les veines? — Quel est le rôle du cœur? — Comment est-il divisé intérieurement? — Quelles sont les cavités du cœur traversées par le sang veineux? — Quelles sont les cavités traversées par le sang artériel? — Qu'est-ce que la veine cave inférieure? — la veine cave supérieure? — Qu'est-ce que l'artère pulmonaire? — la veine pulmonaire? — Comment ces deux vaisseaux s'unissent-ils? — Qu'est-ce que l'artère aorte? — Quelle est la cause du mouvement du sang? — Qu'est-ce qui en maintient la direction?

De la Respiration.

282. La respiration est la fonction par laquelle le sang veineux est transformé en sang artériel.

Les organes principaux de la respiration, dans l'homme, sont les *poumons* (fig. 58). Ce sont des masses molles divisées en un grand nombre de petites cavités ou *cellules*, qui reçoivent l'air dans leur intérieur. Les parois de ces cellules sont traversées par les dernières ramifications de l'artère pulmonaire, en sorte qu'entre l'air qui remplit les cellules des poumons et le sang qui circule dans l'épaisseur de leurs parois, il n'y a qu'une très fine membrane.

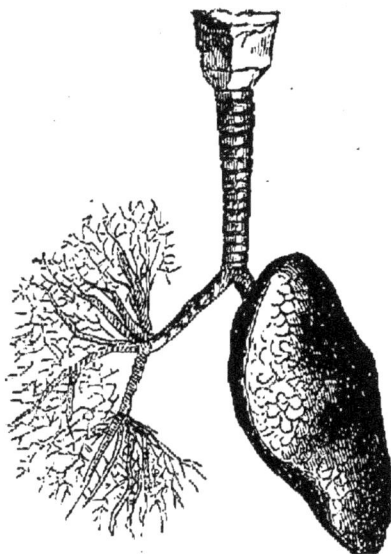

Fig. 58. — Trachée-artère, bronches, poumon gauche.

L'air arrive dans les poumons par un canal qui s'ouvre dans l'arrière-bouche. La partie supérieure de ce canal se nomme *larynx*, et son ouverture dans l'arrière-bouche est appelée *glotte*. Une

soupape appelée *épiglotte* empêche les aliments d'y
pénétrer.

A la suite du larynx, le canal de la respiration prend
le nom de *trachée-artère*. La trachée-artère descend le
long du cou, au-devant de l'œsophage, et pénètre dans la
poitrine, où elle se partage en deux branches appelées
bronches. Chacune des bronches se rend dans un poumon
en se ramifiant de plus en plus.

283. Le renouvellement de l'air dans les poumons est
dû aux mouvements alternatifs de l'*inspiration* et de
l'*expiration*. Dans l'inspiration, la cavité de la poitrine
s'agrandit et les poumons se dilatent; alors l'air, pressé
par le poids de l'atmosphère, s'introduit par la bouche et
par les fosses nasales dans la trachée-artère, et se rend,
par les subdivisions des bronches, dans les cellules des
poumons. Dans l'expiration, la poitrine se resserre, les
poumons se compriment, et l'air en est chassé.

284. Le sang amené aux poumons par l'artère pulmonaire est du sang *veineux* mêlé de chyle et chargé d'acide
carbonique; il est absolument impropre à l'entretien des
organes; mais, à travers les fines membranes qui le
séparent de l'air, il s'opère un échange entre ses éléments
et ceux de ce gaz; il absorbe l'oxygène de l'*air* et perd
de l'acide carbonique et de la vapeur d'eau. Il devient
dès lors sang *artériel* et charrie dans toutes les parties
du corps l'oxygène qu'il a absorbé. Cet oxygène, en se
combinant avec le carbone des organes, reproduit de
l'acide carbonique, en sorte que le sang redevient veineux;
mais, amené aux poumons, il devient de nouveau artériel,
et ainsi de suite.

La combinaison d'oxygène et de carbone qui s'opère
dans toutes les parties du corps est une véritable combustion qui produit de la chaleur, et cette chaleur est d'autant
plus élevée que la respiration est plus active. Les oiseaux,

qui sont de tous les animaux ceux qui respirent le plus vite, sont aussi ceux dont la température intérieure est la plus élevée.

L'oxygène charrié par le sang dans la profondeur des organes n'y brûle pas seulement du carbone. Il y brûle aussi de l'hydrogène, ainsi que des principes azotés. Le produit de la combustion de l'hydrogène est de l'eau, et celui de la combustion des principes azotés est l'*urée* et l'*acide urique*. Ces deux dernières substances, nuisibles à l'économie, doivent en être expulsées; elles sont enlevées au sang lors de son passage à travers les *reins* ou *rognons*, glandes volumineuses situées dans l'abdomen de chaque côté de la colonne vertébrale. Le produit de l'action des reins sur le sang est l'*urine*.

La combustion d'hydrogène et de principes azotés dont il vient d'être question produit de la chaleur, aussi bien que la combustion du carbone.

QUESTIONNAIRE. — Qu'est-ce que la respiration? — Quels sont les organes de la respiration dans l'homme? En quoi consistent-ils? Par quel conduit l'air arrive-t-il aux poumons? — Quels noms donne-t-on aux différentes parties de ce conduit? — Qu'est-ce qui empêche les aliments de pénétrer dans le canal de la respiration? — Expliquez par quel mécanisme l'air se renouvelle dans les poumons. Quelle modification le sang éprouve-t-il en traversant les poumons? — A quoi sert l'oxygène qu'il y absorbe? — Quelle est la cause de la chaleur animale? — N'y a-t-il que du carbone qui brûle dans les organes des animaux? — Quelle est la fonction des reins?

Des Mouvements.

285. Les organes du mouvement, dans l'homme et dans un grand nombre d'animaux, sont les *muscles* et les *os*.

Les **muscles** sont des organes charnus formés de filaments ou fibres d'une grande ténuité, ayant la propriété de s'allonger et de se raccourcir. Ils ont généralement la forme de fuseaux allongés, s'attachant par une de leurs extrémités à un point fixe, par l'autre extrémité aux os qu'ils sont chargés de faire mouvoir.

Le plus souvent le muscle s'attache à l'os qu'il fait mouvoir par l'intermédiaire d'un cordon grêle d'une très grande résistance, qu'on appelle *tendon*.

Ce sont les muscles qui constituent ce qu'on appelle la *chair* des animaux.

286. Les **os** sont des organes durs dont l'ensemble constitue la charpente solide du corps, qu'on appelle *squelette*. Les uns sont mobiles comme les os des membres; les autres sont immobiles, comme ceux du crâne. Les os mobiles sont attachés aux autres os par des liens ou *ligaments* d'une très grande résistance, et les frottements qui se produisent pendant le mouvement entre les surfaces des os en contact, sont adoucis par une liqueur visqueuse appelée *synovie*, qui les humecte continuellement.

La plupart des os mobiles représentent des leviers du troisième genre (10). En effet, assujettis à tourner autour de l'une de leurs extrémités, ils doivent vaincre une résistance s'exerçant à l'autre extrémité, et l'action du muscle qui les met en mouvement se produit au point d'attache de ce muscle sur l'os, c'est-à-dire entre le point d'appui du levier et le point d'application de la résistance.

La matière des os est une substance animale de la nature de la gélatine, jointe à du *phosphate* et à du *carbonate de chaux*.

Les os longs des membres sont creux et renferment dans leur intérieur un corps gras appelé *moelle*.

287. Les mouvements qu'exécutent les os sont produits par les contractions des muscles qui s'y insèrent. Par exemple, lorsque les muscles qui s'insèrent à la face interne des doigts se contractent, la main se ferme; et lorsque ceux qui s'insèrent à leur face externe se contractent à leur tour, la main s'ouvre.

Description des os qui forment le squelette humain.

288. Le squelette de l'homme peut se diviser en trois parties : la *tête,* le *tronc* et les *membres* (fig. 60).

289. Tête. — La tête comprend le *crâne* et la *face.*

Le **crâne** est une sorte de boîte de forme ovale qui renferme le cerveau ; il se compose d'os plats et larges solidement soudés les uns aux autres.

La **face** est l'ensemble d'un certain nombre d'os qui forment les orbites des yeux, les fosses nasales, la cavité de la bouche et les deux mâchoires (dont l'inférieure seule est mobile).

290. Tronc. — Le tronc comprend la *colonne verté-brale,* les *côtes* et le *sternum.*

La **colonne vertébrale,** que l'on nomme aussi *épine dorsale,* se compose de petits os appelés *vertèbres* (fig. 59), placés les uns à la suite des autres, et maintenus par des ligaments. Chaque vertèbre est formée, en avant, d'une partie plate par laquelle elle repose sur la précédente, et, en arrière, d'un anneau correspondant à l'anneau semblable des vertèbres qui la précédent et la suivent (fig. 59). Tous ces anneaux forment, par leur en-

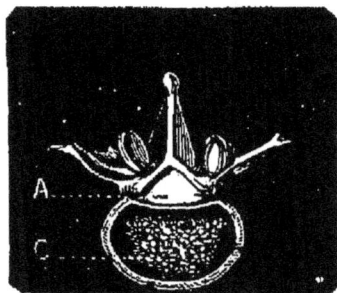

Fig. 59. — Une vertèbre isolée.

C. Corps de la vertèbre, situé en avant.

A. Anneau postérieur, entourant la moelle épinière.

semble, un canal continu s'étendant de la base du crâne à l'extrémité du tronc et renfermant la moelle épinière. En outre, les vertèbres présentent des saillies dirigées les unes en arrière, les autres sur les côtés, saillies servant de points d'attache aux muscles qui agissent sur la colonne vertébrale soit pour la redresser, soit pour l'infléchir.

Il y a dans l'homme trente-trois vertèbres. Dans les

animaux munis d'une queue, c'est la colonne vertébrale qui, en se continuant, forme cet organe.

291. Les **côtes** sont des arcs osseux attachés par paires aux vertèbres du dos et entourant la poitrine. Les sept premières paires, qui constituent ce que l'on appelle les *vraies côtes*, se réunissent en avant avec un os plat appelé **sternum**, les cinq autres paires ne se réunissent point avec le sternum, mais se soudent avec les précédentes; on les nomme *fausses côtes*.

292. MEMBRES. — L'homme a quatre membres : deux supérieurs et deux inférieurs. Les membres supérieurs se composent de quatre parties, qui sont : l'*épaule*, le *bras*, l'*avant-bras* et la *main*.

L'**épaule** est formée de l'*omoplate* et de la *clavicule*. L'omoplate est un os plat et triangulaire placé derrière les côtes, en haut. La clavicule est un os long qui va de l'omoplate au sternum.

Le **bras** est formé par un seul os, appelé *humérus*, qui est suspendu à une saillie de l'omoplate.

L'**avant-bras** comprend deux os : le *cubitus*, qui est en

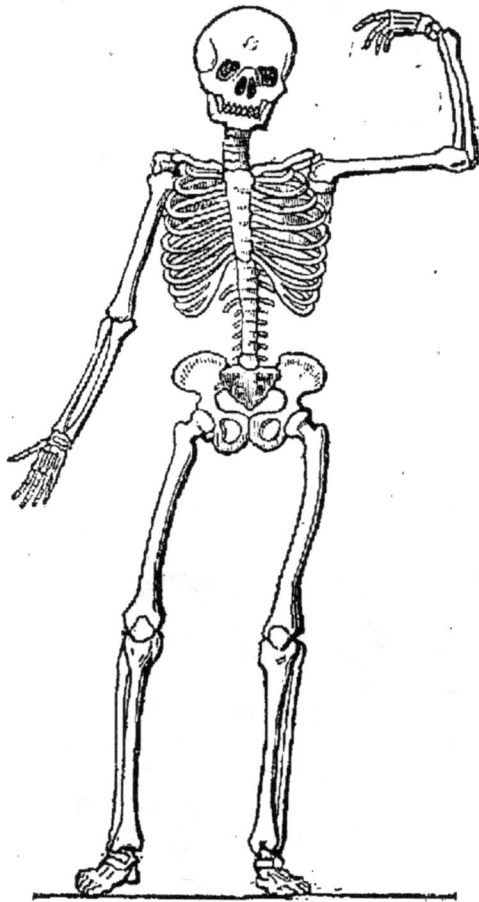
FIG. 60. — Squelette de l'homme.

dedans, et le *radius*, qui est en dehors. C'est le cubitus qui est suspendu au bras, et c'est le radius qui porte la main.

La **main** se compose du *carpe*, du *métacarpe* et des *doigts*. Le carpe ou *poignet* comprend huit petits os disposés sur deux rangées. Le métacarpe ou corps de la main comprend cinq os qui portent chacun un doigt. Les doigts sont formés de trois petits os appelés *phalanges*, excepté le pouce qui n'en a que deux.

293. Les membres inférieurs se composent de quatre parties analogues à celles qui composent les membres supérieurs. Ce sont : la *hanche*, la *cuisse*, la *jambe* et le *pied*.

La **hanche** est un grand os plat fixé en arrière à la partie inférieure de la colonne vertébrale. Les deux hanches forment, par leur ensemble, une sorte de cavité évasée, qui a reçu le nom de *bassin*.

La **cuisse** est formée par un os, appelé *fémur*, qui s'articule avec la hanche.

La **jambe** est formée de deux os : le *tibia*, qui est en dedans, et le *péroné*, en dehors. Le tibia est l'os principal de la jambe; c'est lui qui s'unit au fémur et c'est aussi lui qui porte le pied. Au-devant de l'articulation de la jambe avec le fémur, il y a un petit os appelé *rotule*, qui complète l'articulation du genou et la protège contre l'action des corps extérieurs.

Le **pied** se compose du *tarse*, du *métatarse* et des *orteils*. Le tarse ou *cou-de-pied* est formé de sept os disposés sur deux rangées; le métatarse en comprend cinq, qui sont terminés chacun par un orteil. Quatre orteils, comme quatre doigts de la main, sont formés de trois phalanges; le pouce n'en a également que deux.

QUESTIONNAIRE. — Quels sont les organes du mouvement? — En quoi consistent les muscles? — Comment les nomme-t-on vulgairement? — Qu'appelle-t-on tendons? — En quoi consistent les os? — Qu'est-ce que le squelette? — Comment les os mobiles sont-ils attachés aux autres os? — Qu'appelle-t-on synovie? — A

quel organe mécanique peut-on comparer les os mobiles? — Quelle
est la composition des os? — Quelle particularité présentent les
os longs? — Comment les muscles agissent-ils sur les os? —
Comment peut-on diviser le squelette de l'homme? — Que
comprend la tête? — Que comprend le tronc? — Qu'est-ce que la
colonne vertébrale? — Faites la description d'une vertèbre? —
En quoi consistent les côtes? — le sternum? — Que comprennent
les membres supérieurs? — les membres inférieurs?

De la Sensibilité.

294. La sensibilité est la faculté qu'ont les animaux
de recevoir des impres-
sions par l'influence
des objets extérieurs,
et d'en avoir la cons-
cience.

La sensibilité s'exer-
ce par l'intermédiaire
du *système nerveux*
et des *organes des
sens*.

295. DU SYSTÈME
NERVEUX. — Le sys-
tème nerveux est l'ap-
pareil le plus impor-
tant du corps des
animaux. Il préside
non seulement à la
sensibilité, mais en-
core à toutes les fonc-
tions des organes.

Ce système se com-
pose, dans l'homme et
dans les autres ani-
maux vertébrés (304),

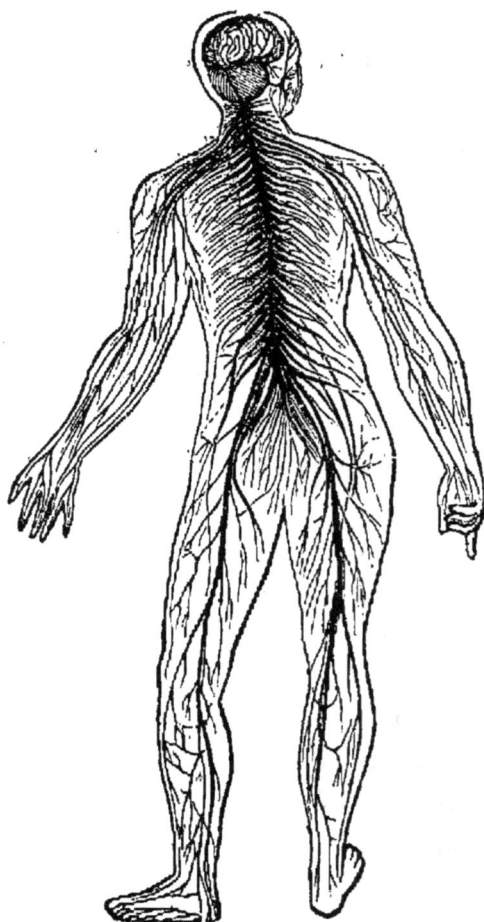

Fig.61. Cerveau, cervelet, moelle épinière, nerfs.

du *cerveau*, du *cervelet*, de la *moelle épinière* et des *nerfs* (fig. 61).

Le **cerveau** est une masse molle qui remplit la presque totalité du crâne. Il est divisé par un sillon profond en deux moitiés qu'on appelle *hémisphères*, et présente à sa surface des inégalités ayant la forme de circonvolutions plus ou moins profondes et irrégulières. Trois membranes, appelées *enveloppes du cerveau* ou *méninges*, l'entourent et le protègent.

Au-dessous du cerveau et en arrière se trouve le *cervelet*, organe mou, comme le cerveau, mais beaucoup moins volumineux et divisé lui aussi en deux hémisphères.

La **moelle épinière** est le prolongement du cerveau et du cervelet; elle est renfermée dans le canal des vertèbres.

Les **nerfs** sont des cordons minces et blanchâtres qui partent du cerveau ou de la moelle épinière et qui vont se distribuer dans toutes les parties du corps. Leur fonction est de transmettre au cerveau les impressions reçues par les organes des sens, et aussi de transmettre la volonté du cerveau aux muscles.

296. APPAREIL GANGLIONNAIRE. — Outre les nerfs qui mettent le cerveau et la moelle épinière en communication avec les muscles et les organes des sens, on observe encore, dans l'homme et dans les autres animaux vertébrés (304), un système de nerfs qui sert d'union entre la moelle épinière et les organes qui accomplissent des actes indépendants de la volonté (comme les poumons, l'estomac, le cœur, les vaisseaux, en général les organes de la nutrition). Cet appareil se nomme *système ganglionnaire*, parce qu'il comprend, outre des nerfs, un grand nombre de petites masses renflées, ou *ganglions*, situées dans diverses parties du corps. Les uns sont placés au voisinage du cœur, d'autres derrière l'estomac; d'autres forment deux espèces de chaînes ou de chapelets des deux côtés de la colonne vertébrale (fig. 62).

Le système ganglionnaire sert à produire, dans les organes avec lesquels il est en communication, les excitations qui leur font accomplir leurs fonctions. Ces excitations se produisent, d'ailleurs, tout à fait à notre insu.

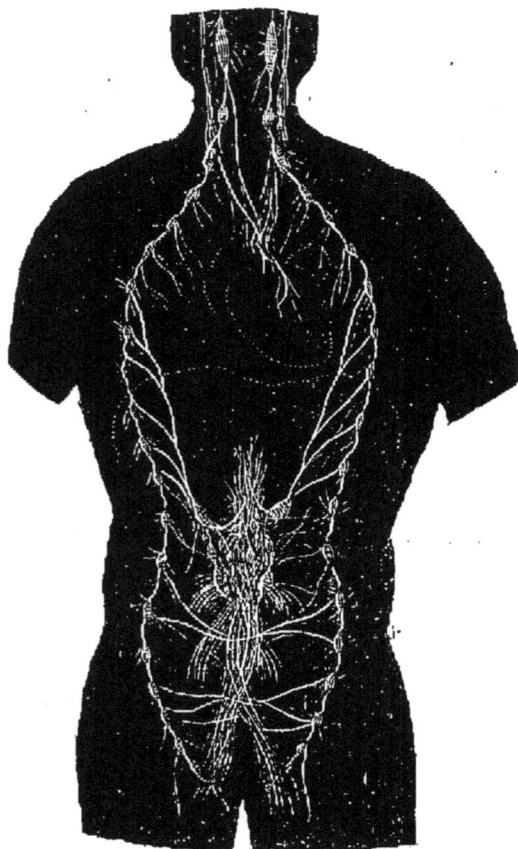

Fig. 62.
Système nerveux ganglionnaire de l'homme.

Des Organes des sens

297. Les organes des sens sont les diverses parties du corps destinées à recevoir les impressions des objets extérieurs et à les transmettre au cerveau par les nerfs.

L'homme a cinq sens, qui sont : le *toucher*, le *goût*, l'*odorat*, la *vue* et l'*ouïe*.

298. LE TOUCHER. — Le sens du toucher a pour siège la peau, et plus spécialement la main. La sensibilité de la peau est due aux filets nerveux qui se distribuent dans son épaisseur. Elle est recouverte par une pellicule transparente et insensible, appelée *épiderme*, qui sert à préserver les filets nerveux de l'impression trop vive des corps.

299. LE GOÛT. — L'organe du goût est la *langue* et

la voûte du *palais*. Les parties solubles des aliments (1),
en passant dans la bouche, se dissolvent dans la salive et
impressionnent les filets nerveux qui se distribuent à la
surface de la langue et du palais. Cette impression est
transmise au cerveau par les nerfs du goût.

300. L'ODORAT. — Le sens de l'odorat a pour organe
le *nez*. Les deux cavités qui le forment, appelées *fosses
nasales*, sont tapissées par une membrane continuellement humectée d'une humeur visqueuse. Les parties
odorantes des corps, retenues par cette humeur, impressionnent les filets nerveux qui se distribuent dans la
membrane du nez, et cette impression est transmise au
cerveau par le *nerf olfactif*.

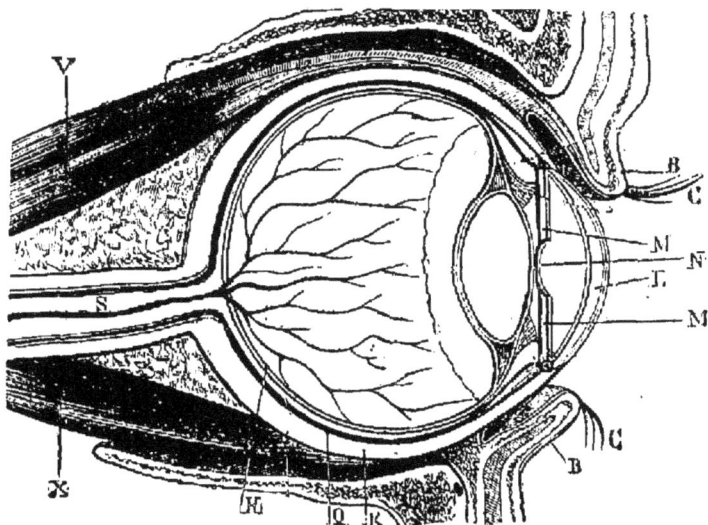

FIG. 63. — Œil.

B B	Paupières.	H	Rétine.
C C	Cils.	L	Cornée transparente.
K	Première enveloppe de l'œil appelée *sclérotique*.	M M	M. Iris
Q	Seconde enveloppe appelée *choroïde*.	N	Pupille.
S	Nerf optique.	X V	Deux des six muscles qui servent à faire mouvoir l'œil dans son orbite.

301. LA VUE. — L'œil (fig. 63) est l'organe de la

(1 Les substances insolubles dans la salive sont généralement sans saveur.

vue; c'est un globe délicat contenu dans une cavité de la face appelée *orbite*.

Il est formé de plusieurs membranes s'enveloppant mutuellement et renfermant différentes humeurs transparentes. Les rayons de lumière envoyés par les objets pénètrent dans l'œil en traversant d'abord une membrane bombée, appelée *cornée transparente*, située tout à fait en avant de l'œil. Puis ils passent à travers la *pupille*, qui est un trou percé au centre d'un voile appelé *iris*, placé un peu en arrière de la cornée transparente. C'est ce voile qui apparaît à travers la cornée sous la forme d'un cercle diversement coloré. En se propageant ensuite à travers les différentes humeurs de l'œil, les rayons lumineux sont déviés à peu près de la même manière qu'en traversant une lentille convergente (112). Il en résulte sur le fond de l'œil une image renversée des objets. Cette image est perçue par la *rétine*, membrane mince et délicate qui tapisse l'intérieur de l'œil et qui est formée par une multitude de filets nerveux. L'impression qui en résulte est transmise au cerveau par le *nerf optique*.

L'œil est protégé par les paupières, les cils et les sourcils.

302. L'Ouïe. — L'organe de l'ouïe est l'oreille (fig. 64); cet organe consiste essentiellement en trois cavités placées les unes à la suite des autres dans l'intérieur d'un os du crâne très dur appelé *rocher*. Dans l'homme et dans un grand nombre d'animaux, l'oreille est accompagnée d'une partie extérieure ayant plus ou moins la forme d'un cornet : c'est le *pavillon*. La première cavité de l'oreille, celle qui communique directement avec l'air, s'appelle *oreille externe*, la suivante est l'*oreille moyenne*, et la troisième l'*oreille interne*. L'oreille moyenne est en communication avec la bouche par un canal appelé *trompe d'Eustache;* elle est séparée de l'oreille externe par une membrane mince et élastique qui est la *membrane du tympan,* et elle est séparée de l'oreille interne par deux membranes analogues.

La structure de l'oreille moyenne et celle de l'oreille interne sont très compliquées. La dernière est remplie

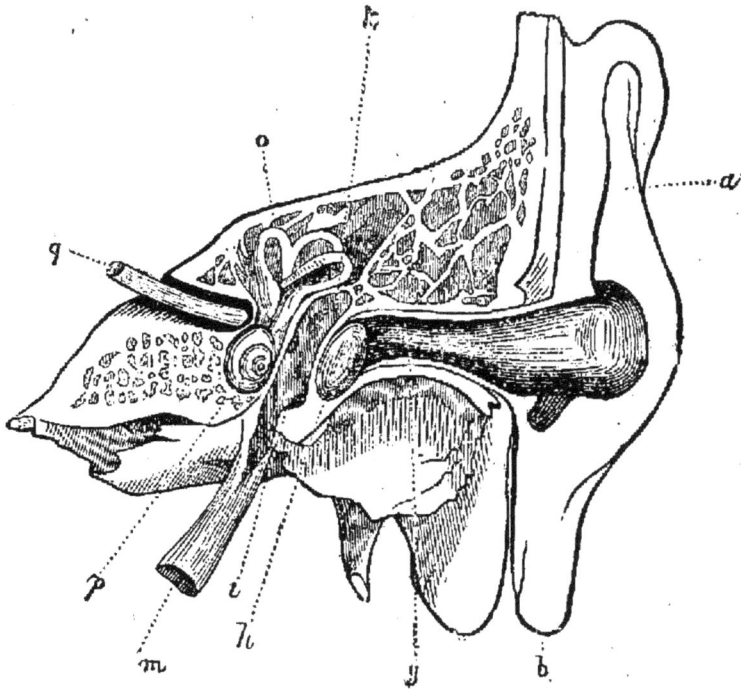

FIG. 64. — Oreille.

a b	Pavillon.	*m*	Trompe d'Eustache.
g	Oreille externe.	*p, o*	Oreille interne.
h	Tympan.	*q*	Nerf acoustique.
i, k	Oreille moyenne.		

d'un liquide épais dans lequel plongent un grand nombre de filets nerveux qui sont les dernières ramifications du *nerf acoustique.*

Le son est dû aux vibrations des corps sonores. Ces

vibrations se communiquant à l'air, se propagent de proche en proche jusque dans les parties les plus profondes de l'oreille. Les filets nerveux qui se distribuent dans l'oreille interne sont alors impressionnés, et l'impression est transmise au cerveau par le nerf acoustique.

QUESTIONNAIRE. — Qu'est-ce que la sensibilité? — Par quel intermédiaire cette fonction s'accomplit-elle? — De quoi se compose le système nerveux? — Décrivez le cerveau et le cervelet — la moelle épinière — les nerfs. — Quel est le rôle des nerfs? — En quoi consiste l'appareil ganglionnaire? — Quelles en sont les fonctions? — Combien l'homme a-t-il de sens? — Nommez-les. — Quel est l'organe du toucher? — A quoi est due la sensibilité de la peau? — Quel est le rôle de l'épiderme? — Quel est l'organe du goût? — Comment l'impression du goût se produit-elle? — Décrivez l'organe de l'odorat? — Comment l'impression de l'odorat se produit-elle? Quel nom donne-t-on au nerf chargé de transmettre cette impression au cerveau? — Décrivez l'organe de la vue? — Qu'est-ce que la cornée transparente? — l'iris? — la pupille? — la rétine? — Comment l'impression de la lumière se produit-elle? — Comment nomme-t-on le nerf qui transmet cette impression au cerveau? — Quels sont les organes protecteurs de l'œil? — Quel est l'organe de l'ouïe? — Combien de cavités différentes y distingue-t-on? — Qu'est-ce que le pavillon? — Qu'est-ce qui sépare l'oreille moyenne de l'oreille externe? Qu'est-ce qui la sépare de l'oreille interne? — Qu'appelle-t-on trompe d'Eustache? Comment l'impression du son se produit-elle? — Comment nomme-t-on le nerf qui transmet cette impression au cerveau?

Classification des animaux.

303. On peut diviser les animaux en cinq groupes ou embranchements, qui sont : les *vertébrés,* les *annelés,* les *mollusques,* les *rayonnés* et les *protozoaires.*

1er EMBRANCHEMENT : VERTÉBRÉS

304. Les vertébrés ont un squelette intérieur dont la colonne vertébrale est la partie essentielle. Ils possèdent un système nerveux conformé d'après le type décrit aux n°s 295 et 296. On les divise en cinq classes : les *mammifères*, les *oiseaux*, les *reptiles*, les *batraciens* et les *poissons*.

305. MAMMIFÈRES. — Les mammifères ont des mamelles pour allaiter leurs petits; leur corps est habituellement couvert de poils; ils respirent l'air de l'atmosphère au moyen de poumons; leur sang est chaud. Ex. : homme, singe, lion, chauve-souris, phoque, baleine.

306. OISEAUX. — Les oiseaux sont ovipares, c'est-à-dire pondent des œufs; ils n'ont point de mamelles; leur corps est couvert de plumes et leurs membres antérieurs sont conformés en ailes; leur respiration est très active et leur sang chaud. Ex. : hirondelle, perroquet, poule, canard, aigle, hibou.

307. REPTILES. — Les reptiles sont ovipares; leur corps est presque toujours couvert d'écailles; certains sont dépourvus de membres; ils ont une respiration peu active et le sang froid. Ex. : lézard, crocodile, tortue, vipère, couleuvre.

308. BATRACIENS. — Ces animaux sont ovipares. Dans leur jeune âge, ils ressemblent à des poissons par la forme de leur corps et leur mode de respiration. Plus tard, ils subissent des métamorphoses, acquièrent des poumons et prennent les caractères des reptiles; leur peau est toujours nue. Ex. : grenouille, crapaud, salamandre.

309. POISSONS. — Les poissons sont ovipares. Leur corps est habituellement couvert d'écailles; leurs membres sont transformés en nageoires. Ils ont une respiration aquatique, c'est-à-dire ils respirent aux dépens de l'oxygène dissous dans l'eau; les organes par lesquels s'effectue cette respiration se nomment *branchies*. Ex. : carpe, anguille, saumon, lamproie, requin.

2º EMBRANCHEMENT : ANNELÉS.

310. Les annelés n'ont point de squelette intérieur. Leur corps est formé d'anneaux placés les uns à la suite des autres. Leur système nerveux, moins parfait que celui des vertébrés, ne présente pas de moelle épinière. Ils comprennent plusieurs classes dont les principales sont : les *insectes*, les *myriapodes*, les *arachnides*, les *crustacés* et les *vers*.

311. INSECTES. — Les insectes ont six pattes et fréquemment quatre ailes. Un grand nombre éprouvent des métamorphoses, passent par l'état de *larve*, puis de *chrysalide*, et arrivent enfin à l'état d'*insecte parfait*.

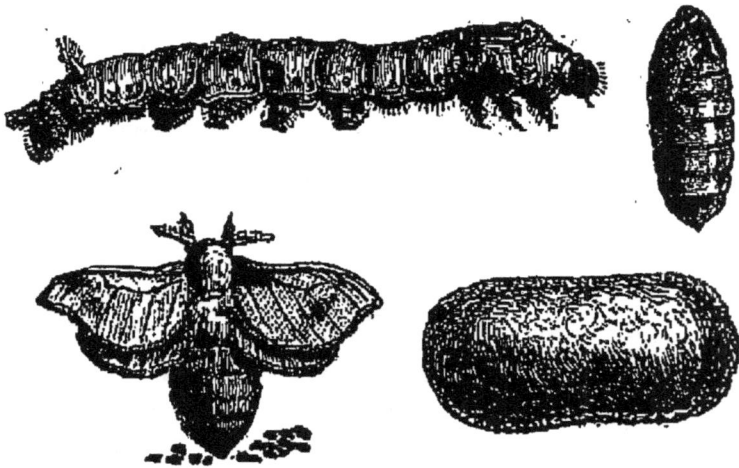

FIG. 65. — Métamorphoses du ver à soie.

| Larve ou chenille. | Chrysalide. |
| Papillon ou insecte parfait. | Cocon renfermant la chrysalide. |

Leur respiration se fait au moyen de *trachées* ou tubes qui conduisent l'air dans toutes les parties du corps. Ex. : hanneton, cigale, abeille, sauterelle, papillon, mouche.

312. MYRIAPODES. — Ces animaux diffèrent des insectes en ce qu'ils ont un grand nombre de pattes (toujours plus de vingt), et en ce qu'ils sont dépourvus d'ailes. Ex. : mille-pieds (fig. 66).

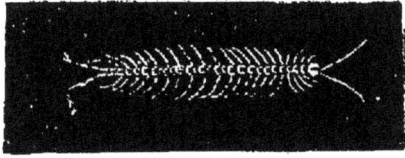

FIG. 66. — Mille-pieds.

313. ARACHNIDES. — Les arachnides ont huit pattes et jamais d'ailes. Ex. : araignée, scorpion, mite.

314. CRUSTACÉS. — Les crustacés ont cinq ou sept paires de pattes. Leur peau est dure et pierreuse. Ce sont presque tous des animaux aquatiques. Ex. : écrevisse, crabe, homard (fig. 67).

FIG. 67. — Écrevisse.

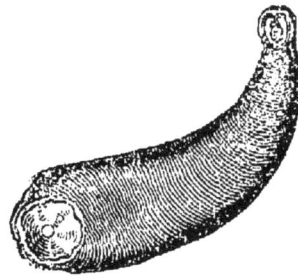

FIG. 68. — Sangsue.

315. VERS. — Les vers sont dépourvus de pattes. Leur corps est, en général, très allongé. Ex. : sangsues (fig. 68), vers de terre, vers intestinaux.

3⁰ EMBRANCHEMENT : MOLLUSQUES

316. Les mollusques ont le corps mou, non formé d'anneaux. Leur système nerveux est plus simple encore que celui des annelés. Tantôt ils sont munis d'une coquille, tantôt ils en sont dépourvus. Ils comprennent plusieurs classes, dont les principales sont : les *céphalopodes*, les *gastéropodes* et les *acéphales*.

317. CÉPHALOPODES. — Ce sont des animaux marins dont les membres, appelés *tentacules,* sont placés autour de la bouche. Ex. : poulpe (fig. 69), seiche, calmar.

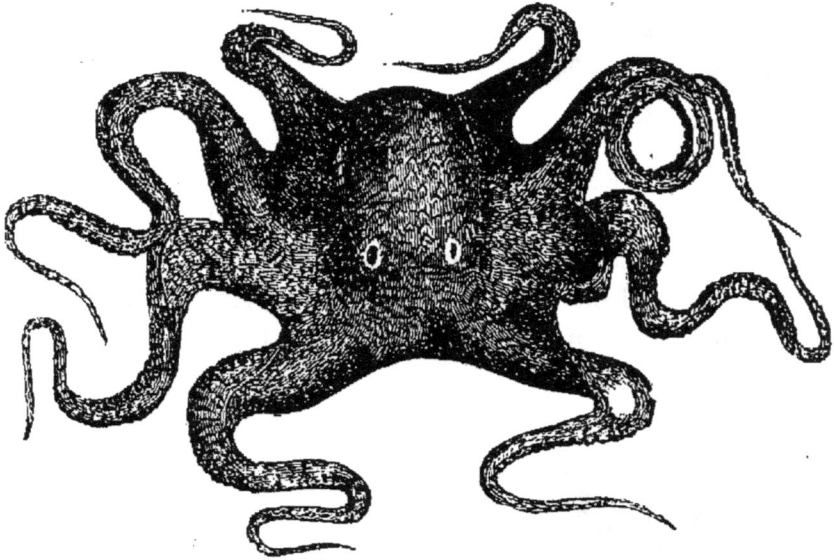

Fig. 69. — Poulpe.

318. GASTÉROPODES. — Les gastéropodes sont dépourvus de membres ; ils rampent au moyen d'un organe charnu placé sous le ventre. Les uns ont le corps nu, les autres sont recouverts d'une co- quille affectant la forme spirale. Ex. : limace, escar- got (fig. 70), et une foule de coquillages marins.

Fig. 70. — Limaçon ou escargot.

319. ACÉPHALES. — Les acéphales ne possèdent pas de tête distincte. Leur corps est renfermé dans une coquille à deux valves. Ex. : huître, moule.

4ᵉ EMBRANCHEMENT : RAYONNÉS

320. Les rayonnés ont des organes d'une structure très simple, disposés symétriquement autour d'un point central, de manière à offrir quelquefois l'apparence d'une étoile ou d'une fleur. Ils sont dépourvus de système nerveux ou n'en possèdent que des vestiges. On les divise en plusieurs classes, dont les plus importantes sont : les *échinodermes*, les *polypes* et les *spongiaires* (¹).

321. ÉCHINODERMES. — Les échinodermes sont des animaux marins; ils ont la peau rude et souvent

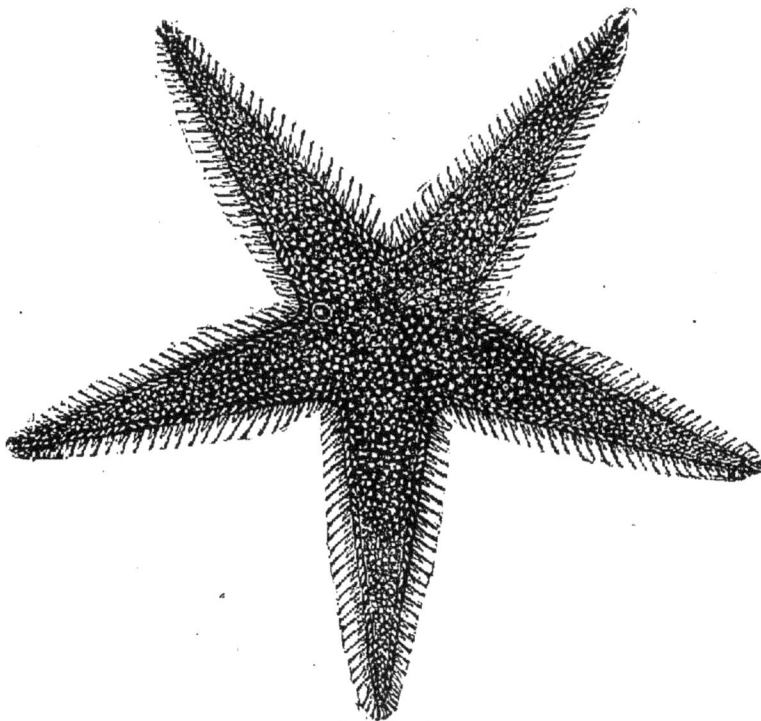

Fig. 71. — Astérie ou Étoile de mer.

épineuse. Ex.: *oursins* (fig. 72) ou *châtaignes d'eau*, *étoiles de mer* (fig. 71).

322. POLYPES. — Ces animaux ressemblent à des fleurs. Ils vivent habituellement en groupes sous la

---

(¹) Quelques auteurs classent les *spongiaires* dans l'embranchement suivant.

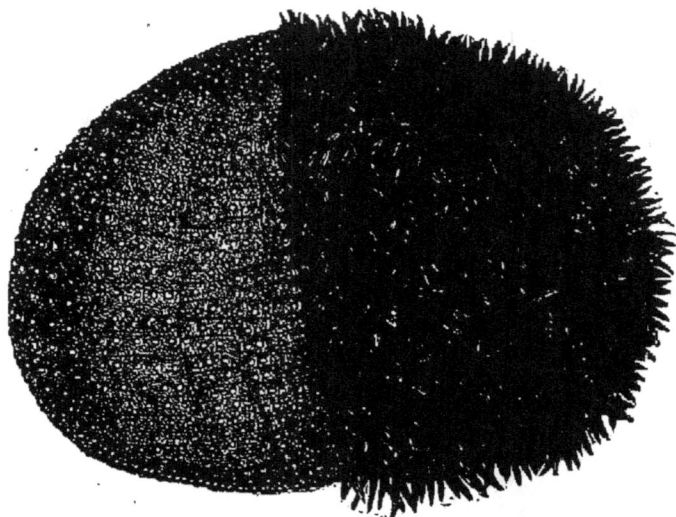

FIG. 72 — Oursin ([1]).

Un polype de corail isolé.

FIG. 73 — Corail.

([1]) Les piquants qui recouvrent le corps de l'animal ont été supprimés sur a partie gauche de la figure.

forme de masses pierreuses, qui garnissent le fond des mers et y occupent quelquefois de grandes étendues. Ex. : le corail (fig. 73).

323. SPONGIAIRES. — Les spongiaires sont des animaux bizarres, qui, avec l'âge, se transforment en masses informes criblées de trous. Ex : éponges (fig. 74).

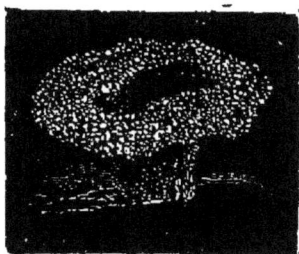

FIG. 74. — Éponge.

5° EMBRANCHEMENT : PROTOZOAIRES

324. Les protozoaires sont les animaux les plus simples de la création. Ils vivent dans l'eau et sont toujours de très petites dimensions. On ne distingue que difficilement les organes qui les constituent. Parfois même leur corps paraît être tout à fait homogène, c'est-à-dire sans distinction de parties. C'est à cet embranchement qu'appartient la classe des *infusoires* ou *microbes*, petits êtres vivant dans les eaux croupissantes et dans les matières organiques en décomposition. Les plus simples de ces êtres ont tellement de ressemblance avec les derniers végétaux (385), qu'à ces limites le règne animal et le règne végétal semblent se confondre.

325. On divise les classes des animaux en *ordres*, les ordres en *familles*, les familles en *genres*, et les genres en *espèces*.

QUESTIONNAIRE. — Quels sont les embranchements dans lesquels on peut diviser le règne animal? — Qu'est-ce qui distingue les animaux du premier embranchement? — En combien de classes divise-t-on cet embranchement? — Quels sont les caractères de ces classes? — Qu'est-ce qui distingue les animaux du second embranchement? — Quelles sont les principales classes de cet embranchement? — Quels sont les caractères de ces classes? — Qu'est-ce qui distingue le troisième embranchement? — Quelles en sont les principales classes? — Quels sont les caractères de ces classes? —

Qu'est-ce qui distingue le quatrième embranchement? — Nommez quelques classes de cet embranchement. — Quels sont les caractères de ces classes? — Que sont les animaux du cinquième embranchement? — Par quels êtres paraît s'établir le passage du règne animal au règne végétal?

APPENDICE SUR LES ANIMAUX UTILES ET NUISIBLES

Animaux utiles.

1° Animaux domestiques

326. Au premier rang des animaux utiles doivent se placer le *cheval* et le *bœuf*. Le premier nous prête sa force et sa vitesse; le second nous donne son travail, sa chair, son cuir et le lait de sa femelle, la *vache*.

L'*âne*, l'*éléphant*, le *chameau* sont, comme le cheval et le bœuf, des bêtes de travail. C'est grâce aux qualités précieuses de ce dernier, et en particulier à sa sobriété, que le désert a pu devenir accessible à l'homme.

Les habitants des contrées septentrionales ont pour serviteur le *renne*, animal spécialement conformé pour vivre dans les pays froids, comme le chameau l'est pour les pays chauds.

Le *chien* et le *chat* doivent aussi être comptés au nombre des serviteurs de l'homme; le premier est son compagnon et son ami. Le second, s'attachant au logis qui l'a vu naître, le débarrasse de ses hôtes incommodes, les rats et les souris.

L'homme élève encore et multiplie des animaux qui, sans le servir par leur travail ou par leur instinct, lui fournissent leur chair, leur toison, leur peau, leurs œufs, etc. Tels sont le *mouton*, la *chèvre*, le *cochon* et les divers oiseaux de basse-cour : *poule, dindon, pigeon, oie, canard*, etc.

2° Gibier, animaux a fourrures, poissons, insectes, etc.

327. Outre les animaux que nous avons réduits à l'état de domesticité, nous tirons parti encore d'un grand nombre d'espèces que nous fournit la chasse ou la pêche. Les unes nous donnent leur chair, les autres leurs dépouilles.

La classe des Mammifères nous fournit ainsi le *lièvre* et le *lapin*, le *chevreuil* et le *daim*, le *cerf*, le *sanglier*, le *phoque*, le *morse*, la *baleine*, le *cachalot*, la *martre*, le *castor*, la *marmotte*, l'*écureuil*, le *blaireau*, etc.

La classe des Oiseaux nous fournit la *perdrix*, la *caille*, la *grive*, le *faisan*, le *canard sauvage*, la *bécasse*, l'*autruche*, le *marabout*, etc.

La classe des Reptiles nous offre diverses espèces de *tortues* dont la chair est comestible et dont la carapace produit l'écaille.

Les Poissons nous fournissent la *carpe*, l'*anguille*, l'*alose*, le *saumon*, la *truite*, la *lamproie*, le *hareng*, la *sardine*, la *morue*, la *sole*, etc.

Les Crustacés nous donnent le *homard*, la *langouste*, l'*écrevisse*, la *crevette*.

La classe des Insectes nous fournit, outre le produit de l'*abeille* et du *ver à soie*, celui de la *cochenille* et de la *cantharide*.

Un Annélide, la *sangsue*, est employé pour suppléer à la saignée.

Les Mollusques nous offrent un grand nombre d'espèces comestibles dont les plus connues sont l'*huître* et la *moule*. En outre, une espèce, la *sèche*, fournit la sépia, et une autre, l'*aronde*, donne la nacre et la perle.

Enfin, l'embranchement des Rayonnés nous fournit le *corail* et les *éponges*.

3° Auxiliaires naturels de l'homme.

323. Parmi les animaux dont l'homme ne tire pas immédiatement parti, il en est néanmoins un grand nombre qui, par leur instinct, lui rendent des services importants.

Ainsi le *hérisson*, la *taupe*, la *chauve-souris*, parmi les Mammifères; le *lézard* et la *couleuvre*, parmi les Reptiles; le *crapaud* et la *salamandre*, parmi les Batraciens, débarrassent les champs et les jardins d'insectes nuisibles.

Mais ce sont particulièrement les *petits oiseaux* qui nous rendent service sous ce rapport; aussi, loin de leur faire la chasse, devrait-on les respecter toujours et favoriser leur multiplication.

Quelques insectes ayant des mœurs carnassières, comme les *carabes*, les *coccinelles* et les *libellules*, contribuent aussi à faire disparaître des espèces nuisibles.

Enfin, on a reconnu, dans ces dernières années, que les

infusoires ou *microbes,* animaux microscopiques que l'on trouve dans les eaux croupissantes ainsi que dans toutes les substances organiques en décomposition, jouent dans la nature un rôle extrêmement considérable. Par leur présence, ces petits êtres favorisent ou provoquent la transformation des substances mortes, animales ou végétales, en résidus aptes à être repris par les plantes et à leur servir d'aliment. Celles-ci servant ensuite d'aliment aux animaux, c'est, en définitive, le travail des microbes qui rend possible le retour continuel de la matière morte à l'état de nouveaux tissus vivants.

Animaux nuisibles.

329. Le nombre des animaux nuisibles est malheureusement considérable. Il s'en trouve dans toutes les classes du règne animal.

Parmi les Mammifères, on doit spécialement signaler les carnassiers grands et petits : *lion, tigre, loup, renard, belette,* etc., et les rongeurs : *rats, souris, mulots.*

Parmi les Oiseaux, il n'y a réellement de malfaisants que les *rapaces* ou *oiseaux de proie (aigle, faucon, épervier,* etc.) qui détruisent les espèces utiles. Encore, parmi les rapaces, faut-il faire une exception en faveur des *hiboux,* des *chouettes* et autres oiseaux de proie nocturnes, qui se repaissent spécialement de petits rongeurs nuisibles.

Le *moineau,* le *pinson,* le *chardonneret,* s'ils causent quelques dégâts aux récoltes, compensent leurs déprédations en contribuant, avec les autres oiseaux, à la destruction des insectes.

Il n'est pas utile de dire pourquoi la *vipère* et les autres serpents venimeux, parmi les Reptiles, et pourquoi le *requin,* parmi les Poissons, sont des animaux nuisibles.

Mais, de toutes les classes animales, c'est celle des Insectes qui contient le plus d'ennemis pour l'homme. Tantôt c'est à l'état de *larves* ou de *chenilles* que les insectes causent leurs ravages, tantôt c'est à l'état d'*insectes parfaits.* Les uns rongent les arbres et les bois de construction, les autres attaquent nos récoltes sur pied pendant que certains les attaquent dans les greniers ou rongent nos provisions de ménage. Il en est qui coupent les fourrures, les lainages et les pelleteries. Enfin, certaines espèces s'établissent en parasites sur le corps des hommes ou des animaux domestiques.

C'est aussi sous la forme de parasites qu'un certain nombre d'Annélides ou vers nous sont nuisibles. Les plus dangereux sont le *ténia* ou *ver solitaire* et la *trichine*. Sous la même forme de parasite, un arachnide microscopique, le *sarcopte*, cause la maladie désagréable de la gale.

Presque aussi nuisibles que les insectes sont les mollusques terrestres, *limaces* et *escargots*, qui occasionnent dans nos jardins et nos vignobles des ravages considérables. Le *taret*, autre mollusque, attaque les bois en contact avec l'eau de la mer, et cause de grands préjudices aux constructions maritimes.

Quant aux *infusoires* ou *microbes*, si, comme nous l'avons dit, leur rôle est utile d'une manière générale, il faut reconnaître qu'un trop grand nombre d'entre eux, en s'attaquant aux êtres vivants, et se transportant avec facilité de l'un à l'autre, deviennent la cause d'épidémies redoutables. Le *choléra*, le *charbon*, la *fièvre typhoïde*, la *rage*, paraissent être engendrés, en effet, par les espèces les plus infimes de cette classe.

Tous ces agents d'épidémie ne sont pas encore parfaitement connus. Mais les travaux de M. Pasteur en ont fait découvrir un certain nombre, entre autres ceux du charbon et de la rage, maladies dont les atteintes ne sont plus à redouter, puisque, en même temps que ce savant en reconnaissait la cause, il créait le moyen d'en empêcher le développement.

BOTANIQUE

330. La *botanique* est l'étude des végétaux.

Les végétaux sont des êtres organisés (270), dépourvus de la faculté de sentir et de se mouvoir.

331. On distingue dans un végétal complet : la *racine*, la *tige*, les *feuilles*, les *fleurs*, les *fruits* et les *graines*.

La racine, la tige et les feuilles sont des organes de *nutrition*, car c'est par leur intermédiaire que la plante se nourrit et se développe. Les fleurs, les fruits et les graines sont des organes de *multiplication*.

La forme et la structure de ces différentes parties dépendent des groupes ou *embranchements*, auxquels appartiennent les végétaux.

332. Ces groupes ou embranchements sont au nombre de trois : les végétaux *dicotylédonés*, les végétaux *monocotylédonés* et les végétaux *cryptogames* appelés aussi *acotylédonés*.

Les **végétaux dicotylédonés** sont ceux dont le germe est accompagné, dans la graine, de deux organes appelés *cotylédons* représentant les deux premières feuilles de la future plante. Ex. : le *haricot*, le *chêne* (fig. 75).

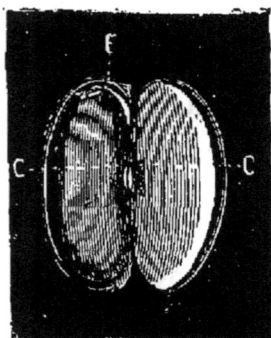

Fig. 75.
Graine de haricot ouverte.
C, C, *Cotylédons.*
E, Embryon ou germe.

Les **végétaux monocotylédonés** sont les végétaux dont le germe n'est accompagné que d'un seul cotylédon. Ex. : le *blé*, le *maïs*, le *lis*, le *palmier*.

Les **végétaux cryptogames** ou **acotylédonés** sont ceux dont la graine ne présente ni germe, ni, par suite, de cotylédon. Ex. : les *mousses*, les *champignons*.

QUESTIONNAIRE. — Définissez les végétaux. — Combien de parties différentes distingue-t-on dans un végétal ? — Qu'appelle-t-on végétaux dicotylédonés ? — monocotylédonés ? — cryptogames ?

De la racine.

333. La racine est la partie des végétaux qui s'enfonce dans la terre pour y puiser les sucs nécessaires à leur entretien (fig. 76).

334. Le point qui sert de séparation à la racine et à la tige se nomme *collet,* et les filaments par lesquels se terminent les racines se nomment *radicelles.* Certaines plantes ont une racine formée exclusivement de radicelles, comme le blé et le porreau. D'autres l'ont forte et allongée, ne se terminant par les radicelles qu'à une grande distance du collet, comme le chêne.

Fig. 76.
Racine
(forme habituelle)

Fig. 77.
Racine
pivotante.

335. Quelques racines ont la forme d'un pivot charnu qui s'enfonce verticalement dans la terre, comme celle de la carotte (fig. 77); d'autres présentent des renflements ou tubérosités, comme celles du dahlia (fig. 78). Il en est qui, au lieu de se fixer au sol, s'enfoncent dans le tissu d'autres végétaux; ce sont celles des plantes *parasites,* comme le *gui.* Il y a aussi des racines qui flottent seulement dans l'eau, sans atteindre le sol : telles sont celles des petits végétaux appelés *lentilles d'eau.*

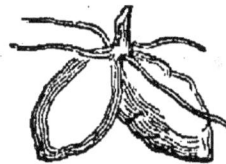

Fig. 78.
Racine tubéreuse.

On appelle racines *ligneuses* celles qui sont consistantes, comme les racines du chêne; et racines *charnues* celles dont le tissu est tendre, comme les racines de la carotte, de la rave, du radis.

Les racines charnues, ainsi que les racines tubéreuses, sont gonflées de principes sucrés et féculents destinés à servir d'aliment à la plante à l'époque où sa croissance, devenant rapide, exigera une nourriture abondante.

QUESTIONNAIRE. — Qu'est-ce que la racine dans les végétaux? — Qu'appelle-t-on collet? — Qu'appelle-t-on radicelles? — En quoi consistent les racines pivotantes? — Nommez des plantes pourvues de ces racines. — En quoi consistent les racines tubéreuses? —

Nommez des plantes pourvues de ces racines. — Y a-t-il des plantes dont les racines ne s'enfoncent pas dans le sol? — Qu'appelle-t-on racines ligneuses et racines charnues? — Quelle est la raison d'être des racines charnues?

De la tige.

336. La tige est la partie des végétaux intermédiaire entre la racine et les feuilles, et qui s'élève, en général, vers le haut.

Toutes les tiges n'ont pas la direction verticale. Il en est qui, trop faibles pour se soutenir, se couchent sur le sol (melon, fraisier), ou se cramponnent aux corps voisins (lierre, pois, haricot, etc.). — Il y a même des plantes dont la tige reste cachée sous la terre (chiendent, fougère, asperge), et qui n'émettent au-dessus du sol que des rameaux nés sur la véritable tige, laquelle demeure toujours invisible. De pareilles tiges portent le nom de *rhizomes*. La pomme de terre est un rhizome qui simule une racine charnue.

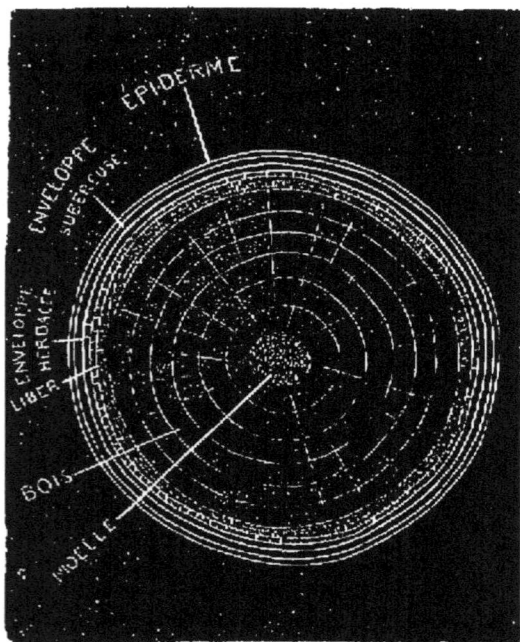

FIG. 79. — Coupe d'un arbre dicotylédoné de six ans

337. TIGE DES VÉGÉTAUX DICOTYLÉDONÉS. — Dans la tige des végétaux dicotylédonés, on distingue la *moelle,* le *bois* ou *corps ligneux* et l'*écorce.*

338. La **moelle** est une substance molle contenue dans un canal qui occupe la partie centrale de la tige.

Elle se détruit quelquefois avec l'âge.

339. Le bois est la partie de la tige située entre la moelle & l'écorce. Il est constitué par des couches solides formant comme des cylindres emboîtés les uns dans les autres. Lorsqu'on coupe transversalement le tronc d'un chêne, d'un pin ou de tout autre arbre dicotylédoné (1), les couches apparaissent sous la forme de cercles (fig. 79) concentriques.

Comme chaque année il se forme une nouvelle couche qui enveloppe les autres, le nombre de ces couches indique l'âge de l'arbre. Les couches les plus rapprochées du centre sont les plus anciennes et sont aussi les plus dures ; elles forment le *cœur*. Les dernières formées, qui sont encore tendres et peu consistantes, constituent l'*aubier*.

Les couches du bois ne sont pas continues. Elles sont interrompues par des fentes qui s'étendent de la moelle à l'écorce, et qui contiennent une substance analogue à la moelle. On appelle ces fentes *rayons médullaires*.

340. L'écorce est formée, intérieurement, de couches concentriques comme celles du bois ; mais ces couches sont très minces, offrant l'aspect des feuillets d'un livre ; on donne à leur ensemble le nom de *liber*. Chaque année, il se forme une nouvelle couche de liber intérieure aux précédentes, en sorte que les couches les plus extérieures sont les plus anciennement formées.

Extérieurement au liber, l'écorce est formée d'un tissu tendre dans lequel on distingue deux couches : la première, toujours très mince, appelée *enveloppe herbacée*, est de couleur verte et recouvre immédiatement le liber ; la seconde, de couleur brune, donne à l'écorce sa couleur habituelle ; on l'appelle *enveloppe subéreuse*. C'est cette enveloppe qui acquiert un développement exagéré dans

(1) Tous les arbres de nos climats sont des végétaux dicotylédonés.

le chêne-liège, et qui constitue le *liège*. Enfin le tout est recouvert de l'épiderme, membrane mince qui enveloppe tout le végétal, depuis les racines jusqu'aux feuilles et aux fleurs.

341. Entre l'écorce et le bois, on remarque, surtout

FIG. 80. — Arbre dicotylédoné (acacia commun).

au printemps, une substance à demi-fluide à laquelle on a donné le nom de *cambium*. C'est cette substance qui, en s'organisant, forme chaque année une nouvelle couche d'aubier et une nouvelle couche de liber.

342. L'intérieur du bois et de l'écorce est traversé longitudinalement par de longs tubes très étroits appelés *vaisseaux*, qui servent au transport de la sève.

343. La tige d'un arbre dicotylédoné porte habituellement le nom de *tronc*. Le tronc se ramifie, c'est-à-dire se divise en branches et en rameaux, et son diamètre va en diminuant de la base au sommet (fig. 80).

Les branches, et même les racines, ont une structure analogue à celle de la tige. Cependant, le plus souvent, la racine est dépourvue de moelle.

344. TIGE DES VÉGÉTAUX MONOCOTYLÉDONÉS. — La tige des végétaux monocotylédonés n'est pas formée de couches concentriques, comme celle des végétaux dicotylédonés. La moelle est répandue dans tout l'intérieur de la tige, et les fibres ligneuses sont dispersées au milieu de cette moelle sans ordre apparent. Cependant le tissu est plus serré et plus dur vers la circonférence que vers le centre (fig. 81). Dans les végétaux dicotylédonés, au contraire,

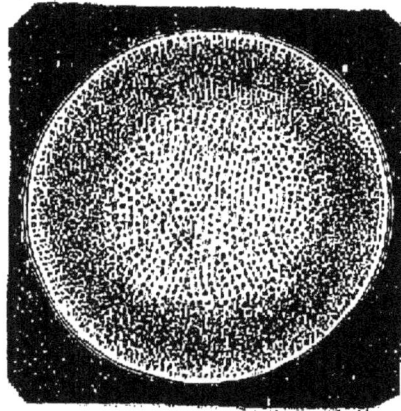

Fig. 81.
Coupe d'un arbre monocotylédoné.

les parties centrales du bois sont plus dures que les zones extérieures.

L'écorce est moins distincte dans les végétaux monocotylédonés que dans les végétaux dicotylédonés, et se sépare plus difficilement du tissu intérieur.

345. La tige d'un arbre monocotylédoné porte habituellement le nom de *stipe*. Le stipe est simple, c'est-à-dire ne se ramifie pas; son diamètre est à peu près le même de la base au sommet, et il se termine supérieurement par une touffe de feuilles. Telles sont les tiges des *palmiers* (fig. 82).

Les végétaux monocotylédonés de nos climats sont tous de petite taille : tels sont l'asperge, le lis, la tulipe, le froment, etc.

346. On donne le nom particulier de *chaume* à la tige des graminées, plantes formant une famille très importante des végétaux monocotylédonés. Cette tige est cylindrique, creuse et entrecoupée de nœuds d'où partent des feuilles engainantes, c'est-à-dire dont la base se prolonge en une sorte de fourreau qui entoure la tige

Fig. 82. — Palmier.

(fig. 83). Ex. : froment, orge, seigle, avoine, maïs, bambou, canne à sucre, etc.

347. TIGE DES VÉGÉTAUX CRYPTO-
GAMES. — Les végétaux cryptogames
comprennent les mousses, les champignons, les lichens, les fougères et
quelques autres végétaux peu importants. Les uns sont dépourvus de
tige proprement dite, comme les
lichens; d'autres n'ont qu'une tige
molle et sans consistance, comme les
champignons; d'autres, comme certaines fougères des pays chauds, présentent une tige élevée dont la forme
se rapproche de celle des tiges mono-
cotylédonées.

FIG. 83. — Graminée.

QUESTIONNAIRE. — Qu'appelle-t-on tige dans les végétaux? —
Combien de parties différentes distingue-t-on dans la tige des
végétaux dicotylédonés? — En quoi consiste la moelle? — Où est-
elle située? — En quoi consiste le bois? — Comment est-il
constitué? — Qu'est-ce que le cœur? — l'aubier? — les rayons
médullaires? — Comment peut-on reconnaître l'âge d'un arbre
dicotylédoné? — En quoi consiste l'écorce? — Qu'est-ce que le
liber? — l'enveloppe herbacée? — l'enveloppe subéreuse? — l'épiderme? — Qu'est-ce que le cambium? — Quel en est le rôle? —
En quoi consistent les vaisseaux? — Quel en est l'usage? —
Comment nomme-t-on la tige d'un arbre dicotylédoné? — Ne
peut-on pas reconnaître une pareille tige à ses seuls caractères
extérieurs? — Quelle est la structure des branches? — Quelle est
celle des racines? — La tige des végétaux monocotylédonés a-t-elle
la même structure que celle des végétaux dicotylédonés? — Dites
en quoi ces deux sortes de tiges diffèrent? — Comment nommé-t-on
la tige d'un arbre monocotylédoné? — Ne peut-on pas reconnaître
une pareille tige à ses seuls caractères extérieurs? — Y a-t-il dans
nos climats des végétaux monocotylédonés de grandes dimensions?
— Qu'appelle-t-on chaume? — Quels sont les végétaux pourvus
d'un chaume? — Dites quelques mots sur la tige des végétaux
cryptogames?

Des feuilles.

348. Les feuilles sont des organes ordinairement verts,
qui naissent sur la tige et sur les branches, et par

6.

l'intermédiaire desquels la sève se met en rapport avec l'air.

Le support d'une feuille se nomme *pétiole,* et la partie élargie, *limbe.* Le limbe présente des lignes plus ou moins saillantes appelées *nervures,* qui forment comme le squelette de la feuille.

Dans le plus grand nombre des végétaux dicotylédonés, les nervures des feuilles se subdivisent en nervures de plus en plus petites, et leurs dernières divisions

Fig. 84.
Feuille de plante dicotylédone (ormeau).

Fig. 85.
Feuille de plante monocotylédone (iris).

se réunissent en formant une sorte de réseau à mailles fines (fig. 84) : telles sont les feuilles du chêne, de la vigne, de l'ormeau, etc. Dans les végétaux monocotylédonés, les nervures restent presque toujours à peu près parallèles, sans se décomposer, comme dans l'ail, le lis, le blé (fig. 85).

349. Une feuille est dite *composée*, lorsqu'elle est formée de parties séparées qui ressemblent chacune à autant de petites feuilles (fig. 86) : telles sont les feuilles de l'acacia, du rosier, du trèfle. On nomme *folioles*, ces petites feuilles qui forment, par leur ensemble, une feuille composée.

FIG. 86. — Feuilles composées.

FIG. 87. — Feuilles opposées.

350. Dans certains végétaux, comme dans le chêne, les feuilles naissent isolément à des hauteurs différentes; on les appelle feuilles *alternes* (fig. 88); dans d'autres, elles sont *opposées* (fig. 87), c'est-à-dire naissent par paires vis-à-vis l'une de l'autre. (Ex. : lilas).

Quelquefois, elles sont *verti-cillées*, c'est-à-dire sont disposées en cercle, formant autour de la tige des sortes de collerettes ou de couronnes. Ex. : garance (fig. 89).

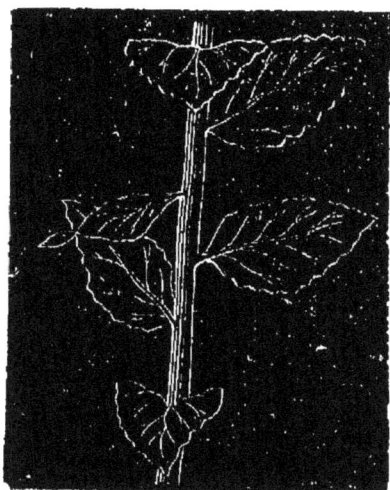

FIG. 88. — Feuilles alternes.

FIG. 89. Feuilles verticillées.

351. FONCTION DES FEUILLES. — Les feuilles ont pour fonction de puiser dans l'air l'acide carbonique qui s'y trouve et de le décomposer pour en retenir le carbone. Cette fonction s'exécute par la voie des *stomates*, petites ouvertures dont est criblée surtout leur face inférieure. L'acide carbonique de l'air qui pénètre par ces ouvertures se décompose, sous l'influence de la lumière, en carbone et en oxygène. Le carbone est retenu par la sève, et l'oxygène est exhalé. En même temps, la sève perd une certaine quantité d'eau à l'état de vapeur. Ainsi transformée, la sève devient apte à servir à la nourriture du végétal; elle se répand dans tous les organes de la plante, en apportant à chacun les éléments qui lui sont nécessaires (1).

Nous avons vu que les animaux vicient l'air par leur respiration en remplaçant l'oxygène par de l'acide carbonique (140). Les végétaux, en remplaçant l'acide carbonique par l'oxygène, restituent à l'air sa pureté, en sorte que la composition de l'atmosphère reste toujours la même.

La faculté d'absorber et de décomposer l'acide carbonique de l'atmosphère appartient en général à toutes les parties des plantes qui possèdent la couleur verte. Comme on donne le nom de *chlorophylle* à la substance qui communique cette coloration verte aux végétaux, on a appelé *fonction chlorophyllienne* la fonction qui s'accomplit par son intermédiaire.

352. En même temps que les plantes s'alimentent du carbone que leur fournit l'atmosphère, elles en consument lentement une petite quantité comme le font les animaux en respirant. Elles exhalent donc, comme ceux-ci, de l'acide carbonique. Mais la quantité de cet acide qu'elles produisent ainsi est bien inférieure à celle qu'elles absorbent pour se nourrir, en sorte qu'on ne peut facilement en reconnaître le dégagement que lorsqu'elles sont placées dans l'obscurité. Alors la fonction chlorophyllienne est suspendue, et l'acide carbonique dégagé peut s'accumuler en quantité appréciable autour des plantes. Voilà pourquoi il n'est pas sain de conserver des végétaux la nuit, dans des chambres habitées.

QUESTIONNAIRE. — Qu'est-ce que les feuilles? — Qu'appelle-t-on pétiole? — limbe? — nervures? — Quelle différence observe-t-on,

(1) On pense que c'est par l'écorce que la sève descend des feuilles dans les diverses parties du végétal, et que c'est par le bois ou corps ligneux qu'elle monte de la racine vers les feuilles.

quant à la disposition des nervures, dans les feuilles des végétaux dicotylédonés et dans celle des végétaux monocotylédonés? — Qu'appelle-t-on feuilles simples et feuilles composées? — Qu'est-ce qu'on nomme folioles dans une feuille composée? — Qu'entend-on par feuilles alternes, — opposées, — verticillées? — Quelle est la fonction essentielle des feuilles? — En quoi cette fonction consiste-t-elle? — Par quelle voie s'exécute-t-elle? — Sous quelle influence s'accomplit-elle? — Par quel terme la désigne-t-on. — Rappelez quel est l'effet de la respiration des animaux sur la composition de l'atmosphère, et comparez cet effet à celui qui résulte de l'action des végétaux. — Les plantes ne dégagent-elles pas aussi de l'acide carbonique?

De la fleur.

353. La fleur est la partie du végétal d'où doit sortir le fruit.

Dans une fleur complète, on distingue quatre parties qui sont, en allant de l'extérieur à l'intérieur : le *calice,* la *corolle,* les *étamines* et le *pistil.*

Le calice et la corolle forment, par leur ensemble, l'*enveloppe florale* ou *périanthe;* les étamines et le pistil constituent la *fleur proprement dite.*

354. CALICE.—Le calice est l'enveloppe extérieure de la fleur; il est formé de petites feuilles ordinairement vertes, qu'on appelle *sépales.* Quelquefois les sépales sont soudés les uns aux autres, formant comme un tube ou un vase (fig. 90) : on dit alors le calice *monosépale* ou *ga-*

FIG. 90.
Corolle monopétale accompagnée d'un calice monosépale.

FIG. 91.
Corolle polypétale.

mosépale. (Ex. : œillet, primevère.) D'autres fois, les sépales sont complétement distincts les uns des autres ; le calice se dit alors *polysépale.* (Ex. : chou, bouton d'or.

355. COROLLE. — La corolle est la seconde enveloppe de la fleur ; elle est ordinairement colorée, et se compose de pièces appelées *pétales.* Elle est dite *monopétale* ou *gamopétale* si les pétales se soudent les uns aux autres (comme dans la bourrache, le liseron), et *polypétale* (fig. 91) si les pétales sont distincts (rosier, chou).

356. ÉTAMINES. — Les étamines sont des organes placés en cercle à l'intérieur de la corolle. Elles se composent généralement d'un support délié appelé *filet,* qui se termine par un petit sac nommé *anthère* (fig. 92). L'anthère, formée habituellement de deux loges accolées l'une à l'autre, renferme une fine poussière souvent jaunâtre,

FIG. 92.
Une étamine isolée.

que l'on nomme *pollen* (fig. 92).

Le nombre des étamines est très variable. Il y a des fleurs qui n'ont qu'une étamine ; d'autres en ont plusieurs centaines.

357. PISTIL. — Le pistil est la partie de la fleur qui, en se développant, doit devenir le fruit. Il comprend l'ovaire, le *style* et le *stigmate* (fig. 93).

FIG. 94.
Pistil formé d'un grand nombre d'ovaires fixés sur un support volumineux simulant un fruit (fraise).

FIG. 93.
Pistil simple.

L'ovaire est un sac renfermant les rudiments des graines ; le style est une colonne placée au som-

FIG. 95. — Fleur à ovaire *infère,* c'est-à-dire enveloppé étroitement par le calice et la corolle.

met de l'ovaire et qui est remplie d'un tissu de consistance molle ; le stigmate est l'extrémité du style, habituellement renflée et visqueuse.

Le pistil peut être formé de plusieurs ovaires surmontés chacun d'un style et d'un stigmate. Tantôt ces ovaires sont soudés en un seul corps qui offre l'aspect d'un ovaire unique, comme dans le pommier ; tantôt ils restent libres, comme dans le fraisier, le bouton d'or (fig. 94).

Quelquefois le calice et la corolle enveloppent si bien l'ovaire qu'ils s'y soudent par leur base, en sorte que l'ovaire apparaît comme un renflement au-dessous de la fleur : c'est ce qui arrive dans le pommier et le poirier (fig. 95).

358. ROLE DU PISTIL ET DES ÉTAMINES. — Le pistil contient les premiers rudiments des graines ; mais pour que ces rudiments se développent, il faut l'influence du pollen que contiennent les étamines.

Cette influence se produit lorsque quelques grains de pollen viennent à tomber sur le stigmate. On voit alors, peu de temps après, l'ovaire et les graines grossir, pendant que les autres parties de la fleur se flétrissent et tombent, en totalité ou en partie.

Lorsque les étamines et le pistil ne sont pas dans la même fleur, c'est le vent ou les insectes qui apportent le pollen sur le pistil.

359. DIVERSES SORTES DE FLEURS. — On appelle fleurs *incomplètes* celles auxquelles il manque soit le calice, soit la corolle, soit les étamines, soit le pistil. On appelle fleurs *apétales*, celles auxquelles il manque la corolle ; fleurs *nues*, celles auxquelles il manque en même temps le calice et la corolle ; fleurs *mâles*, les fleurs qui ont des étamines sans pistil ; *femelles*, les fleurs qui ont un pistil sans étamines ; *neutres*, celles qui n'ont ni étamines ni pistil ; fleurs *hermaphrodites*, celles qui ont en même temps des étamines et un pistil : ce sont les plus nombreuses.

Lorsque les étamines et le pistil sont sur des fleurs distinctes, tantôt ces fleurs sont portées par un même pied, comme dans la citrouille, le pin, le chêne; tantôt elles sont portées par des pieds différents, comme dans le chanvre et l'épinard.

360. Le nombre des pièces du calice et de la corolle est presque toujours de cinq dans les végétaux dicotylédonés; assez souvent cependant on trouve quatre sépales au calice et quatre pétales à la corolle, comme dans les fleurs du chou et du lilas.

Dans les végétaux monocotylédonés, le nombre des sépales ou des pétales est presque toujours de trois ou de six.

Le nombre des étamines est fréquemment égal au nombre des pétales ou à l'un de ses multiples, c'est donc surtout dans les végétaux dicotylédonés qu'on trouve des fleurs à cinq et à dix étamines, et dans les monocotylédonés qu'on en trouve à trois ou à six.

361. Les végétaux cryptogames sont dépourvus de fleurs proprement dites.

362. Les fleurs cultivées dans les parterres se modifient souvent par la transformation des étamines en pétales, tels sont les œillets, les roses. Ces fleurs sont appelées *doubles*.

Les fleurs doubles sont le plus souvent stériles, c'est-à-dire ne portent pas de graines.

QUESTIONNAIRE. — Qu'est-ce que la fleur? — Combien distingue-t-on de parties dans une fleur complète? En quoi consiste le calice? — Qu'appelle-t-on calice monosépale et calice polysépale? — En quoi consiste la corolle? — Qu'appelle-t-on corolle monopétale et corolle polypétale? — En quoi consistent les étamines? — Qu'appelle-t-on filet? — anthère? — pollen? — Qu'est-ce que le pistil? — Qu'appelle-t-on ovaire? — style? — stigmate? — Le pistil ne comprend-il nécessairement qu'un seul ovaire? — L'ovaire est-il toujours à l'intérieur de la fleur? — Dites quelques mots sur le rôle du pistil et des étamines? Qu'appelle-t-on fleurs incomplètes? — apétales? — nues? — mâles? — femelles? — neutres? hermaphrodites? — Quel est le nombre habituel des pétales et des sépales dans les fleurs des végétaux dicotylédonés? — Quel est le nombre habituel de ces pièces dans les végétaux monocotylédonés? — Qu'observe-t-on fréquemment dans ces deux groupes de végétaux, relativement au nombre des étamines? — Les végétaux cryptogames ont-ils des fleurs proprement dites? — Qu'appelle-t-on fleurs doubles?

Des bourgeons et des boutons.

363. Les bourgeons sont le premier état des feuilles, des fleurs et des rameaux. Ces organes se forment à l'aisselle des feuilles, sur la tige et les branches. Le plus souvent ils sont enveloppés d'écailles superposées qui servent à protéger les parties intérieures contre les intempéries de l'air.

Les bourgeons apparaissent habituellement en été, et se développent au printemps de l'année suivante.

On donne généralement le nom de *boutons* aux bourgeons qui doivent donner des fleurs. On les reconnaît à ce qu'ils sont plus gros que les autres.

QUESTIONNAIRE. — Qu'entend-on par bourgeons? — Quelle est la place habituelle de ces organes? — Comment les bourgeons sont-ils protégés contre les intempéries de l'air? — A quelle époque de l'année les bourgeons apparaissent-ils? — A quelle époque se développent-ils? — Qu'appelle-t-on boutons? — Comment les distingue-t-on des bourgeons proprement dits?

Du fruit.

364. Le fruit est l'organe qui succède à la fleur, et qui contient les graines. Ce n'est autre chose que l'ovaire développé.

Lorsqu'une fleur contient plusieurs ovaires, le fruit

qui en résulte présente plusieurs cavités ou *loges*, réunies (fig. 96) ou séparées (fig. 97), contenant chacune des graines, comme la pomme, la poire, le fruit du pavot, de la ronce, etc.

365. On appelle fruit *sec* un fruit qui, à la maturité, est coriace ou membraneux, comme le fruit du pois, du haricot, du pavot. On appelle fruit *charnu* celui qui est mou et tendre, comme la pomme, la pêche, la groseille.

Fig. 96.
Fruit à cinq loges soudées (nèfle).

Fig. 97.
Fruit à loges non soudées.

366. Dans la plupart des fruits, surtout dans les fruits charnus, on distingue :

1° Une enveloppe extérieure appelée vulgairement la peau; 2° une partie moyenne qui est la chair; 3° une partie intérieure plus ou moins coriace et dure, qui contient les graines. C'est cette partie intérieure du fruit qui forme le noyau dans la pêche, la prune, la cerise.

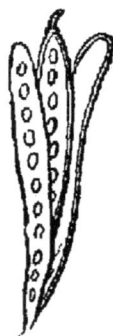

367. Certains fruits s'ouvrent naturellement à la maturité pour donner issue aux graines; on les appelle fruits *déhiscents* (fig. 98). D'autres fruits ne donnent issue aux graines que lorsqu'ils ont été détruits par l'action du temps; on leur donne le nom de fruits *indéhiscents* (fig. 99). Les fruits du chou, du cresson, du pois, de la balsamine, de la violette, sont déhiscents, tandis que la pomme, la noisette et l'abricot sont des fruits indéhiscents.

Fig. 98.
Silique, fruit déhiscent du chou.

Fig. 99.
Gland, fruit indéhiscent du chêne.

QUESTIONNAIRE. — Qu'est-ce que le fruit? — Quelle est la partie de la fleur qui devient le fruit? — Comment expliquez-vous que certains fruits contiennent plusieurs loges? — Qu'appelle-t-on fruit sec et fruit charnu? — Combien de parties peut-on distinguer dans un fruit? — Qu'est-ce qu'on appelle fruit déhiscent et fruit indéhiscent?

De la graine.

368. La graine est l'organe qui contient le germe d'une plante nouvelle. On distingue dans une graine complète : 1° l'enveloppe ou la *peau;* 2° le germe ou *embryon;* 3° l'*albumen.*

La peau de la graine est habituellement une pellicule mince, comme celle de l'amande de l'abricot, de la noix, etc.; mais elle est quelquefois épaisse et coriace, comme celle des graines de l'amandier et du citronnier.

L'embryon est le premier rudiment du nouveau végétal. Il comprend : la *radicule,* extrémité de l'embryon, qui doit devenir la racine; la *tigelle,* partie moyenne, qui doit devenir la tige, la *gemmule,* petit bourgeon rudimentaire par lequel la tigelle doit s'allonger, et enfin un ou deux *cotylédons* (332).

L'albumen consiste en un amas de matières nutritives qui doit servir à l'alimentation de la jeune plante pendant les premiers temps de son existence. L'albumen est très développé dans le grain de blé, dont il forme la partie la plus volumineuse.

Certaines graines, comme celle du haricot (fig. 75), sont dépourvues d'albumen. Dans ce cas, les cotylédons sont volumineux, et, pendant la germination, ce sont eux qui servent à l'alimentation de l'embryon.

369. GERMINATION. — La germination consiste dans le développement de l'embryon. Pour que cette fonction s'accomplisse, il faut le concours de l'air, de l'humidité et de la chaleur. Sous cette triple influence, la graine s'imbibe, se gonfle et rompt ses enveloppes; l'albumen se ramollit, l'amidon qu'il contient se transforme en glucose (262) destiné à être absorbé par l'embryon ; la radicule s'allonge, s'enfonce dans la terre (fig. 100 et 101), la tigelle s'élève au-dessus du sol et la gemmule développe ses jeunes feuilles.

Ainsi constituée, la plante continue à vivre en puisant sa nourriture dans le sol et dans l'air ambiants.

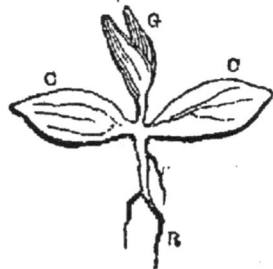

Fig. 100.

Germination d'un embryon dicotylédoné (sans albumen).

CC, Cotylédons.
R, Radicule.
G, Gemmule.

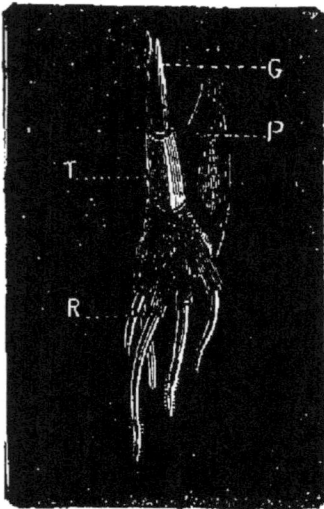

Fig. 101. — Germination d'un embryon monocotylédoné.

R, Radicule.
T, Tigelle.
P, Albumen.
G, Gemmule.

Le cotylédon, caché entre la tigelle et l'albumen n'est pas représenté.

370. Pendant que la germination s'accomplit, ou bien les cotylédons amincis s'étalent en feuilles qui précèdent celles que doit produire la gemmule, ou bien ils restent cachés sous le sol. — Nous avons vu que, lorsque l'albumen manque, les cotylédons sont volumineux et que ce sont eux alors qui fournissent à l'embryon sa nourriture.

371. DES GRAINES DANS LES VÉGÉTAUX CRYPTOGAMES. Les végétaux cryptogames n'ont pas de fleurs proprement dites, et les organes chargés de les reproduire ont là forme de granules très petits dans lesquels on ne voit pas d'embryon distinct ; ces granules portent le nom de *spores*. On les trouve dans des cavités ou sacs portés par un support délié, comme dans les mousses, ou répandus à la surface inférieure des feuilles, comme dans les fougères, ou compris dans l'épaisseur même du tissu, comme dans les algues.

QUESTIONNAIRE. — Qu'est-ce que la graine? — Quelles sont les parties essentielles qui forment une graine? — Quelle est la composition de l'embryon? — En quoi consiste l'albumen? — Quel en est le rôle? — Toutes les graines ont-elles un albumen? — En quoi consiste la germination? — Quels sont les agents nécessaires à l'accomplissement de cette fonction? — Que deviennent les différentes parties de la graine pendant la germination? — Dites quelques mots sur les organes chargés de la reproduction dans les végétaux cryptogames.

Modes de multiplication autres que par les graines.

372. Le mode général et constant de multiplication dans les végétaux est la multiplication par graines. Mais la plupart des végétaux peuvent encore se multiplier par *boutures*, par *marcottes* et par *greffes*.

La multiplication par bouture consiste à couper un rameau d'un végétal et à mettre l'extrémité inférieure en terre. Il ne tarde pas à se développer des racines autour de l'extrémité enterrée.

La multiplication par marcotte se fait en courbant une branche tenant au tronc, et en l'enterrant dans une certaine partie de sa longueur. Quand cette branche a pris racine, on la sépare du tronc d'où elle vient.

La greffe consiste à insérer un rameau ou un fragment d'écorce muni de bourgeons, sur un végétal autre que celui qui l'a fourni. Quel que soit le mode de greffe adopté, il ne peut réussir qu'entre des individus de la même espèce, ou d'espèces peu différentes.

QUESTIONNAIRE. — Quel est le mode normal de multiplication des végétaux? — En quoi consiste la multiplication par bouture? — par marcotte? — par greffe? — A quelle condition une greffe peut-elle réussir?

CLASSIFICATION DES VÉGÉTAUX

373. On divise toutes les plantes en trois embranchements qui sont : les *dicotylédones,* les *monocotylédones* et les *cryptogames* ou *acotylédones.*

Les dicotylédones ont pour caractères principaux : 1° une graine contenant un embryon à deux cotylédons ([1]); 2° une tige dont les parties sont disposées par couches concentriques; 3° des feuilles à nervures presque toujours ramifiées; 4° la présence à peu près générale de quatre ou de cinq sépales au calice, et d'autant de pétales à la corolle.

Les monocotylédones ont pour caractères principaux : 1° une graine dont l'embryon n'a qu'un seul cotylédon; 2° une tige dont les parties ne forment pas de couches concentriques; 3° des feuilles à nervures presque toujours parallèles; 4° la présence de trois ou de six pièces au calice et à la corolle ([2]).

Les cryptogames n'ont pas de fleurs proprement dites et se multiplient par des organes où l'on ne distingue pas d'embryon.

Les embranchements se divisent en *classes,* les classes en *familles,* les familles en *genres,* et les genres en *espèces.*

Principales familles des dicotylédones.

374. Crucifères. — Les plantes de cette famille se reconnaissent à ce qu'elles ont un calice à quatre sépales, une corolle à quatre pétales disposés en forme de

---

([1]) Dans les *conifères* (382) le nombre des cotylédons peut aller jusqu'à six et même quinze.

([2]) Le calice manque très souvent dans les monocotylédones, ou bien est formé de pièces en tout semblables aux pétales, comme dans la tulipe et la jacinthe.

croix (fig. 101), et six étamines dont quatre grandes et deux petites (fig. 102). Ex. : *chou, cresson, rave, radis, colza, moutarde, thlaspi.*

Les crucifères doivent leurs propriétés nutritives aux principes azotés (268) qu'elles contiennent dans leurs tissus. Elles renferment en outre une huile volatile qui leur donne des propriétés stimulantes et anti-scorbutiques.

Fig. 101.
Fleur du chou.

Fig. 102.
Étamines grossies de la même fleur.

375. Légumineuses ou papilionacées. — Les plantes de cette famille ont une corolle ressemblant un peu à un papillon (fig. 103), avec dix étamines soudées par leurs filets (fig. 104).

Quelquefois cependant l'une des étamines ne se soude pas avec les autres. Ex : *pois, gesse, fève, haricot, lentille, trèfle, luzerne, sainfoin, acacia, indigotier, campêche, réglisse.*

Fig. 104.
Étamines grossies de l'acacia.

Fig. 103. — Fleur de pois.

Les légumineuses sont riches en principes nutritifs. Les unes nous fournissent des graines alimentaires : *pois, haricots,* etc.; d'autres constituent des plantes fourragères d'une grande valeur : *trèfle, luzerne,* etc.

376. Malvacées. — Les malvacées ont très fréquemment deux calices avec une corolle à cinq pétales (fig. 105). Les étamines, très nombreuses, sont réunies par leurs filets en un tube qui recouvre le pistil. Ex. : *mauve, guimauve, althéa, passerose, cotonnier, cacaoyer.*

Les diverses parties de ces plantes sont ordinairement

Fig. 105. — Guimauve (malvacée).

imprégnées d'une substance mucilagineuse qui leur donne
des propriétés émollientes.

377. ROSACÉES. — Les rosacées ont la corolle et les
étamines portées par le calice (fig. 106).
Elles ont cinq pétales étalés en rose,
et un grand nombre d'étamines. Ex. :
prunier, cerisier, abricotier, pêcher,
amandier, pommier, poirier, sorbier,
aubépine, rosier, fraisier, ronce.
La famille des rosacées fournit la
plupart des fruits de nos vergers.

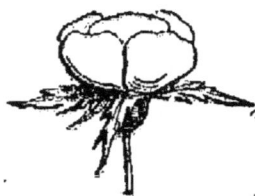

Fig. 106.
Fleur d'églantier (calice
et corolle).

378. OMBELLIFÈRES. — Les ombellifères ont généralement de petites fleurs dont les supports naissent au même point et figurent les rayons d'un parasol (fig. 107). Chaque fleur a cinq pétales et cinq étamines. Ex. : *persil,. cerfeuil, carotte, anis, céleri, angélique.*

FIG. 107.
Fleurs de la carotte.

Les ombellifères sont, pour la plupart, aromatiques. Quelques-unes contiennent des poisons violents : on leur donne le nom commun de *ciguës.*

379. COMPOSÉES. — Dans cette famille, les fleurs sont petites et réunies en groupes ou *capitules* qui offrent l'aspect d'une fleur unique (fig. 108 et 109). Elles ont cinq étamines soudées par leurs anthères et formant une sorte de fourreau ou tube que traverse le style. Quel-

FIG. 108.
Capitule
de composée.

FIG. 109.
Fleurs isolées

quefois, les fleurs qui sont au pourtour d'un même capitule prennent la forme de languettes planes, tandis que celles du milieu ont la forme de petits entonnoirs régulièrement évasés et terminés par cinq dents : telles sont les fleurs des *marguerites,* du *souci,* de la *camomille,* du *soleil.* D'autres fois, toutes les fleurs d'un même capitule ont la forme d'une languette plane, comme dans la *chicorée,* la *laitue,* le *salsifis,* le *pissenlit.* D'autres fois enfin, les fleurs d'un même capitule ont toutes la forme d'entonnoir à cinq dents, comme dans l'*artichaut* et le *chardon.*

Quelques composées sont alimentaires : *artichaut, laitue, salsifis,* etc. D'autres sont officinales, comme la *camomille,* l'*arnica,* l'*armoise.*

380. LABIÉES. — Les labiées ont les feuilles opposées et la corolle monopétale habituellement à deux lèvres (fig. 110). Elles ont quatre étamines, dont deux grandes et deux petites. Ex. : *menthe, lavande, thym, sauge, romarin, mélisse, basilic.*

La plupart des labiées sont odorantes et aromatiques. La *sauge*, la *mélisse*, la *menthe* sont employées en médecine.

FIG. 110.
Fleur de labiée.

381. AMENTACÉES. — Les amentacées sont presque toujours des arbres. Dans cette famille, les étamines et les pistils sont portés par des fleurs différentes; et les deux sortes de fleurs se trouvent tantôt sur un même pied, tantôt sur des pieds distincts. On reconnaît les amentacées à la disposition des fleurs mâles ou fleurs à étamines, qui naissent en grand nombre sur un support allongé, offrant quelquefois une ressemblance grossière avec une chenille (fig. 111). On nomme ces groupes de fleurs *chatons*. Ex. : *châtaignier, chêne, noisetier, charme, saule, peuplier, platane, noyer.*

FIG. 111. — Chatons du noisetier.

Les amentacées fournissent des bois de construction; beaucoup contiennent du tannin (255) dans leur écorce.

382. CONIFÈRES. — Cette famille renferme des végétaux à feuillage toujours vert et dont le tissu est imprégné de principes résineux. Ce nom de conifères vient de la forme habi-

FIG. 112.
Cône du pin.

tuelle du fruit : c'est celle d'un cône plus ou moins allongé (fig. 112). Ex. : *pin, sapin, cyprès, mélèze, cèdre, if, genévrier.*

Les conifères fournissent des bois de construction, de la résine, de l'essence de térébenthine, des goudrons, etc.

Principales familles des monocotylédones.

383. Liliacées. — Les liliacées, dont le lis représente le type, ont une corolle à six pétales avec six étamines,

Fig. 113.
Fleur de liliacée.

sans calice (fig. 113). La partie inférieure de la tige présente généralement un renflement appelé *bulbe* ou *oignon*, à odeur forte. On remarque dans cette famille la *tulipe*, la *tubéreuse*, la *jacinthe*, l'*ail*, l'*échalotte*, l'*oignon*, le *porreau*, l'*aloès*.

Les liliacées fournissent des plantes d'ornement et des condiments d'un usage très répandu.

384. Graminées. — Dans les graminées, le calice et la corolle sont remplacés par deux écailles membraneuses

Fig. 114. — Fleur de graminée.

appelées *balles* ou *glumes*. Les étamines sont au nombre de trois (fig. 114). La racine est fibreuse; la tige, appelée *chaume* (346), porte des feuilles alternes et engainantes (fig. 115). Ex. : *froment, seigle, orge, avoine, maïs, riz, millet, ivraie, chiendent, canne à sucre, bambou.*

On estime à 3,000 environ le nombre des espèces

de graminées connues. C'est à cette famille qu'appar-

IG. 115. — Base du pied et sommité fleurie de la canne du Midi *(graminée)*.

tiennent toutes les céréales, ainsi que la plupart des plantes fourragères.

Principales familles des cryptogames.

385. Les principales familles des cryptogames sont :

Les **fougères**, plantes au feuillage le plus souvent très découpé, dont la tige, souterraine dans nos climats, peut s'élever à une grande hauteur dans les pays chauds ;

Les **mousses** (fig. 116), petites plantes vertes qui

croissent dans les lieux humides et ombragés, à la surface de la terre, sur les murs, les rochers, les troncs d'arbre, etc;

Les **lichens**, végétaux très simples, dépourvus de racine, de tige et de feuilles, se présentant sous la forme de lames irrégulières, de petits buissons, où simplement de croûtes rugueuses attachées à la terre, aux pierres, aux troncs d'arbres.

Fig. 117. — Champignon

Les **champignons** (fig. 117), autres végétaux très variés dans leurs formes, auxquels on rapporte les moisissures, ainsi que l'*oïdium* et le *mildiou* de la vigne.

Fig. 116. — Mousse.

Les **algues**, plantes qui vivent dans l'eau ou sur la terre humide. Tantôt ces plantes sont des végétaux de grandes dimensions, ramifiés comme des arbres et fixés par des crampons au fond de la mer ou sur les parois des rochers; tantôt ce sont de simples filaments microscopiques ou même des cellules isolées qui flottent sans tenir au sol. C'est par ces végétaux infimes, qu'il est parfois difficile de distinguer des infusoires (324), que le règne végétal paraît se relier au règne animal.

QUESTIONNAIRE. — En combien d'embranchements divise-t-on le règne végétal? — Nommez ces embranchements. — Qu'est-ce qui distingue les végétaux du premier embranchement? — Qu'est-ce qui distingue les végétaux du second embranchement? — Qu'est-ce qui distingue ceux du troisième embranchement? — Quels sont les caractères les plus saillants des familles de végétaux dont les noms suivent? (Accompagnez cette description des noms des principales plantes usuelles de chaque famille): — *Dicotylédones.* — Crucifères, malvacées, légumineuses, rosacées, ombellifères,

composées, labiées, amentacées, conifères. — *Monocotylédones.* — Liliacées, graminées. — *Cryptogames.* — Fougères, mousses, lichens, champignons, algues.

VÉGÉTAUX UTILES

1° PLANTES ALIMENTAIRES.

386. Le nombre des végétaux utilisés dans l'alimentation, soit de l'homme, soit des animaux domestiques, est très considérable. Nous en avons reconnu dans presque chacune des familles qui viennent d'être énumérées, surtout dans celles des *légumineuses* et des *graminées*. Aux plantes signalées dans cette énumération nous devons ajouter : le *figuier* (1), le *groseillier*, le *framboisier*, dont les fruits sont bien connus; la *vigne*, plante spéciale aux climats tempérés et qui fait la richesse des pays où sa culture est pratiquée; le *houblon*, employé dans la fabrication de la bière; la *pomme de terre*, dont les tubercules offrent un aliment sain et agréable quoique peu nutritif; la *betterave*, dont la racine fournit le sucre; la *citrouille*, le *melon*, et un certain nombre d'autres plantes potagères : *tomate, oseille, épinard, asperge*, etc., enfin, quelques espèces de champignons, dont les plus répandus sont le *cèpe* et l'*agaric comestible*.

Les pays chauds fournissent en outre l'*oranger*, le *citronnier*, le *dattier*, le *cocotier*, l'*arbre à thé*, le *caféier*, le *cacaoyer*, le *vanillier*, le *poivrier*, etc.

2° PLANTES MÉDICINALES.

387. Nous avons signalé l'emploi des *Malvacées* (mauve, guimauve, althéa) comme émollientes, et celui des *Crucifères* (cresson, moutarde, etc.) comme excitantes. Beaucoup de *Labiées* (mélisse, menthe, sauge, etc.) sont cordiales et aromatiques. Un certain nombre d'*Ombellifères* (anis, angélique) sont stimulantes. Quelques *Composées* à saveur amère (absinthe, camomille) sont employées pour leurs propriétés toniques en même temps que fébrifuges et vermifuges; l'*arnica*, autre composée, est vulnéraire.

(1) La figue n'est pas précisément un fruit; c'est un ensemble de fleurs renfermées dans une enveloppe commune charnue et savoureuse.

Un certain nombre de plantes appartenant à la même famille que la pomme de terre ([1]), comme le *datura*, la *jusquiame*, la *belladone*, renferment des alcaloïdes aux propriétés redoutables, et sont employées néanmoins à petite dose en médecine. Il en est de même du *pavot* et de la *digitale*.

Le fruit du *séné*, la racine de la *rhubarbe*, la graine du *ricin* et le suc extrait de l'*aloès* sont purgatifs.

De l'écorce du *quinquina* on retire la quinine, alcaloïde très usité comme fébrifuge.

Enfin les fleurs du *sureau* et celles du *tilleul* sont sudorifiques; ces dernières sont, en outre, calmantes.

Un grand nombre d'autres plantes, la plupart exotiques, ont aussi des propriétés médicinales; mais nous ne croyons pas utile d'en donner ici l'énumération.

3° PLANTES DIVERSES.

388. Un grand nombre de plantes fournissent des produits utilisés dans l'industrie. Telles sont :

Les plantes **textiles**, dont les fibres servent à la confection des tissus : *lin, chanvre, cotonnier* ([2]) ;

Les plantes **tinctoriales**, employées en teinture : *garance, bois de campêche, indigotier* ([3]) ;

Les plantes **oléifères**, dont les fruits ou les graines fournissent de l'huile : *olivier, œillette* ([4]), *arachide* ([5]), *colza, lin;*

Les plantes **à parfum** : *jasmin, lavande, menthe, mélisse, rose;*

Les plantes **résineuses**, principalement le *pin* et les autres conifères;

Les plantes fournissant les **gommes**, comme l'*acacia d'Arabie*, et celles qui produisent le *caoutchouc* et la *gutta-percha;*

Enfin les **arbres** dont le bois est employé pour le chauffage ou est utilisé dans l'art des constructions et dans celui de l'ébénisterie : *chêne, hêtre, châtaignier, sapin, cerisier, poirier, acajou*, etc.

[1] Famille des Solanées.
[2] Le lin et le chanvre fournissent au tisseur les fibres de leur écorce, tandis que le cotonnier fournit le duvet qui accompagne ses graines.
[3] La matière colorante de la garance provient de sa racine : celle du bois de campêche est extraite de sa tige, et celle de l'indigotier provient de ses feuilles.
[4] Espèce de pavot.
[5] Plante de la famille des Papilionacées, cultivée dans les pays chauds.

VÉGÉTAUX NUISIBLES

389. Les plantes nuisibles peuvent être rangées en trois catégories : 1° les plantes *adventices,* c'est-à-dire ces plantes qui pullulent dans les champs en gênant ou étouffant celles que l'on y cultive, et en absorbant sans utilité les éléments de fertilité du sol ou des engrais; 2° les plantes *parasites,* 3° les plantes *vénéneuses.*

Les plantes **adventices** sont extrêmement nombreuses, et la nécessité de les détruire oblige le cultivateur à des soins incessants. Les plus répandues sont le *chiendent* et le *chardon.* La première de ces deux plantes se multiplie, non seulement par ses graines, mais encore par des tiges souterraines se développant avec rapidité dans tous les sens. La seconde produit des semences munies d'aigrettes qui leur donnent de la légèreté et en facilitent la dispersion.

Les plantes **parasites** vivent de la sève des végétaux sur lesquels elles s'établissent. Les plus nuisibles sont le *gui,* la *cuscute,* ainsi que les diverses sortes de *moisissures.* Le gui ne doit jamais être toléré sur les arbres fruitiers, auxquels il porte le plus grand préjudice. La cuscute ravage les champs de trèfle et de luzerne; on ne peut s'en débarrasser qu'en sacrifiant la récolte de la partie de champ qu'elle a envahie. Les moisissures sont de très petits champignons qui s'établissent sur les matières animales et végétales, et en provoquent la décomposition. L'*oïdium* et le *mildiou* de la vigne appartiennent à cette catégorie de parasites.

Quant aux plantes **vénéneuses,** le nombre en est malheureusement considérable. En nous bornant à celles qui sont propres à nos climats, nous pouvons citer : les diverses sortes de *renoncules* (vulgairement *boutons d'or*), l'*aconit,* l'*ellébore,* le *pavot,* la *jusquiame,* la *belladone,* le *tabac,* le *datura,* le *laurier-cerise,* le *laurier-rose,* la *digitale,* la *ciguë,* le *colchique,* et un grand nombre d'espèces de *champignons.*

Il serait à désirer que ces plantes fussent parfaitement connues de tout le monde, afin que chacun fût à même d'éviter des méprises pouvant devenir fatales.

MINÉRALOGIE ET GÉOLOGIE

390. La *minéralogie* est la partie de l'histoire naturelle qui traite des minéraux.

A cette science se rattache la *géologie,* autre branche des sciences naturelles, qui traite de l'origine et de l'arrangement des matériaux formant la partie du sol accessible à nos observations (¹).

I. — Notions sur la constitution du globe.

391. Nous avons vu (270) que l'on entend par *minéraux* ou corps bruts toutes les substances naturelles dépourvues de vie et d'organes. Tels sont le granit, la pierre à bâtir, le sable, l'argile, la houille, l'or, l'argent, etc.

L'eau, l'air et les différents gaz contenus dans l'intérieur de la terre ou qui s'échappent de son sein peuvent être classés parmi les substances minérales; mais leur étude appartient plutôt à la chimie qu'à la minéralogie.

392. Les minéraux se trouvent disposés dans le sein de la terre de bien des manières différentes. Tantôt ils se présentent en grandes masses, comme la pierre à bâtir, l'argile, le granit, etc. ; tantôt ils ne se trouvent qu'en petites parties disséminées au milieu des grandes masses formées par les autres minéraux, comme le diamant et la plupart des substances métalliques.

Les grandes masses de matières minérales prennent le nom de *roches.*

Le plus souvent les roches reposent les unes sur les

(¹) Nous croyons utile, pour la suite des idées et pour éviter des répétitions, de ne pas distinguer, dans ces notions élémentaires, entre la minéralogie et la géologie.

7

autres, de manière qu'une roche ayant une certaine
composition est recouverte d'une autre de composition
différente, celle-ci d'une troisième différente encore, et
ainsi de suite.

On divise les roches en deux groupes, eu égard à leur
origine : les roches *sédimentaires* et les roches *ignées*.

393. Les **roches sédimentaires**, dites aussi roches
stratifiées, sont formées de couches superposées et

Fig. 118. — Coupe d'un terrain dont les couches ont été bouleversées.

paraissent avoir été déposées par les eaux : tels sont les
sables, les *argiles*, les *grès*, les *calcaires*.

Les couches qui forment ces roches ne sont pas toujours horizontales ; quelquefois elles sont obliques ; d'autres fois, presque verticales ; dans certains cas, elles sont
contournées irrégulièrement et comme repliées sur elles-
mêmes en zigzag. On pense que, primitivement, toutes
les couches des roches sédimen-
taires ont été horizontales, et que
ce sont les bouleversements sur-
venus à la surface du globe qui
les ont disposées comme on les
observe maintenant (fig. 118).

Fig. 119.
Ammonite, coquille fossile.

Les roches sédimentaires renferment souvent des débris
d'animaux et de plantes que
l'on appelle *fossiles* (fig. 119 et 120). L'étude de ces

débris montre que les êtres organisés qui vivaient à une époque reculée étaient souvent très différents de ceux qui vivent actuellement.

Les terrains sédimentaires forment exclusivement la surface du sol de la plupart des grandes plaines. Toute la partie centrale des bassins de la Seine, de la Loire, de la Garonne est formée de ces terrains.

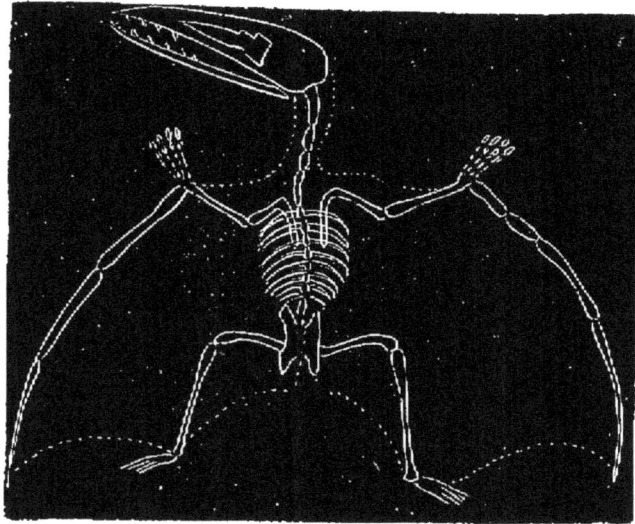

Fɪɢ. 120.

Ptérodactyle. Reptile ailé que l'on ne trouve qu'à l'état fossile

394. Les **roches ignées** ne sont pas formées de couches superposées ; elles paraissent avoir pour origine des substances primitivement fondues qui se sont solidifiées en se refroidissant : tels sont les *granits,* les *porphyres,* les *basaltes,* les *laves,* etc. Ces roches ne renferment pas de fossiles.

395. DISPOSITION RESPECTIVE DES DEUX SORTES DE ROCHES. — L'observation montre que les roches sédimentaires reposent, dans tous les pays, sur une masse de roches ignées, le plus souvent de nature granitique, et dont l'épaisseur est inconnue. Dans certains lieux, en Auvergne et dans le Limousin, par exemple, les roches sédimentaires manquent, en sorte que les roches granitiques se montrent à nu à la surface du sol.

Il n'est pas d'ailleurs absolument certain que les roches granitiques elles-mêmes ne reposent pas sur des roches sédimentaires plus anciennes encore que toutes celles qui ont été découvertes jusqu'ici.

En outre, on observe que fréquemment les roches sédimentaires sont traversées, injectées dans tous les sens et même recouvertes par des roches ignées. Cela se voit principalement dans les pays de montagnes et aux environs des volcans. Ces roches ignées ont dû venir de l'intérieur de la terre à l'état liquide ou pâteux, et leur arrivée, quand elle s'est produite par grandes masses, a été la cause de changements considérables dans l'état de la surface, changements consistant dans le déplacement du lit de la mer, l'apparition ou la disparition d'îles et de continents, le surgissement des montagnes, etc.

Le contact des roches sédimentaires déjà formées, avec les roches ignées qui sont venues les traverser et les recouvrir, les a fréquemment modifiées, soit dans leur état physique, soit dans leur composition. C'est ainsi que des calcaires grossiers ont été transformés en marbres, des matières argileuses, en jaspe, etc.

396. Chaleur centrale. — Quelle que soit la nature des roches dans lesquelles on pénètre en s'enfonçant dans le sol, on constate toujours qu'à partir d'une certaine profondeur qui, dans nos climats, est d'une vingtaine de mètres environ [1], la température augmente uniformément à mesure qu'on s'éloigne de la surface. L'augmentation est d'un degré pour chaque 33 mètres dont on descend en plus, en sorte que, si cet accroissement persiste jusqu'à une distance de 50 à 60 kilomètres de la surface, il doit régner à cette profondeur une température capable de tenir à l'état de fusion

---

[1] Jusqu'à cette profondeur, la température du sol s'élève plus ou moins en été et s'abaisse en hiver.

tous les matériaux qui s'y trouvent. Dans cette supposition, la terre ne serait donc solide qu'à la surface, et tout l'intérieur serait à l'état liquide.

Sans doute que la masse entière de la terre était primitivement à l'état de lave incandescente, et que la croûte solide qui l'enveloppe maintenant s'est formée par suite du refroidissement dont sa surface a été l'objet. Ce n'est qu'après la consolidation et le refroidissement de cette croûte solide, que les mers ont pu se déposer et produire au fond de leurs lits les différentes roches sédimentaires que l'on observe de nos jours.

397. SOURCES THERMALES. — Puisque les couches profondes du sol possèdent une haute température, les eaux qui pénètrent dans ces couches et qui surgissent ensuite à la surface doivent posséder aussi une température élevée. Telle est l'origine des *sources thermales.* Ces sources se trouvent surtout au pied des chaînes de montagnes et aux environs des volcans éteints ou encore en activité. En Islande, auprès de l'Hécla, de l'eau presque bouillante jaillit en colonnes volumineuses qui s'élèvent parfois jusqu'à 50 mètres de hauteur. Ce phénomène naturel porte le nom de *geyser.*

398. TREMBLEMENTS DE TERRE. — Les tremblements de terre paraissent dus à des causes diverses. Dans certains cas, on les croit provoqués par le tassement s'opérant dans les couches peu solides de la surface du sol, ou bien par le retrait qu'éprouvent les couches intérieures par suite de leur refroidissement ; dans d'autres circonstances, ils seraient causés par l'effort que font, pour s'échapper, des corps gazeux emprisonnés à l'intérieur du sol et possédant une haute tension à cause de la température élevée qu'ils possèdent. L'origine de ces corps gazeux serait la même que celle des gaz qui se dégagent des volcans, dont nous allons parler.

399. VOLCANS. — Les volcans sont des orifices faisant

communiquer les couches profondes du sol avec la surface, et par lesquels s'échappent des produits divers. Ces produits sont solides, liquides ou gazeux, et leur température est, en général, très élevée. On admet que les éruptions volcaniques ont pour cause l'infiltration de l'eau de la mer dans les fissures du sol. Cette eau pénétrant dans les couches profondes et parvenant peut-être jusqu'à la masse liquide intérieure où règne une température élevée, doit s'y vaporiser et déterminer par sa présence des phénomènes chimiques intenses. Une grande masse de produits gazeux en résulte, produits dont la force expansive chasse tous les obstacles et les projette avec violence au dehors.

Les éruptions volcaniques accompagnent parfois les tremblements de terre, dont elles semblent être alors la terminaison naturelle.

QUESTIONNAIRE. — Définissez la minéralogie ainsi que la géologie. — Définissez les minéraux. — Les différents minéraux sont-ils également répartis au sein de la terre? — Qu'appelle-t-on roches ? — Comment divise-t-on les roches ? — En quoi consistent les roches sédimentaires? — Comment ont-elles été formées? — Les couches qui forment les roches sédimentaires sont-elles toujours horizontales? — A quelle cause attribue-t-on les dérangements produits dans la position primitive de ces couches? — Qu'appelle-t-on fossiles? — Qu'est-ce qu'apprend l'étude des fossiles? — Citez les grandes régions de la France où la surface du sol présente exclusivement des roches sédimentaires? — En quoi consistent les roches ignées? — Comment ont-elles été formées? — Ces roches contiennent-elles des fossiles? — Quelle est la nature des roches ignées qui paraissent servir partout de base aux roches sédimentaires? Trouve-t-on toujours des roches sédimentaires superposées aux roches ignées fondamentales? — Quels sont les rapports de position qui peuvent exister entre les roches sédimentaires et les roches ignées venues de l'intérieur de la terre? — Quels sont les phénomènes qui ont accompagné l'arrivée de ces dernières? — Faites connaître la loi de l'accroissement de la température du sol avec l'augmentation de profondeur? — Quelle supposition peut-on faire sur l'état intérieur du globe? — Quelle est la cause de la température élevée que possède l'eau des sources thermales? — Où trouve-t-on de ces sources? — En quoi consiste le phénomène des geysers? — Quelles explications peut-on donner des tremblements de terre? — Indiquez la cause probable des volcans?

II. — Principales roches sédimentaires.

400. Les principales roches sédimentaires sont les roches *calcaires*, *gypseuses*, *argileuses*, *siliceuses* et *salifères*. On peut y ajouter les roches *ferrugineuses* et les roches *combustibles* dont il sera question dans les chapitres suivants.

401. Les **roches calcaires** sont les plus abondantes des roches sédimentaires. Elles ont pour élément essentiel le calcaire ou carbonate de chaux, minéral qui présente un grand nombre de variétés. A l'état de *calcaire grossier*, ce minéral constitue la pierre à bâtir et la pierre à chaux dont on trouve d'immenses dépôts dans presque tous les pays. Il forme aussi la *craie*, le *marbre*, les *pierres lithographiques*, l'*albâtre*.

Le calcaire a partout été déposé par les eaux et renferme presque toujours de nombreux fossiles. Si on le trouve à de grandes hauteurs au-dessus du niveau que les eaux peuvent atteindre, c'est parce que les terrains qu'il forme, primitivement enfouis sous les eaux, ont été plus tard élevés par suite des mouvements qui se sont produits dans l'écorce solide du globe.

Nous avons vu, dans les leçons de chimie (231), que les eaux qui circulent dans le sein de la terre contiennent presque toujours du carbonate de chaux en dissolution. Il y a des sources qui en sont tellement saturées qu'elles le laissent déposer dès qu'elles ont le contact de l'air. Telle est l'origine des *stalactites* et des *stalagmites*, productions naturelles que l'on rencontre dans les grottes des pays dont le terrain est calcaire.

402. Les **roches gypseuses** sont formées de gypse ou sulfate de chaux hydraté. Ces roches sont beaucoup moins répandues que les roches calcaires. Cependant elles sont très abondantes aux environs de Paris, sur la rive droite de la Seine. Nous avons vu (232) que c'est du gypse que l'on tire le *plâtre*. Nous avons vu aussi ce qu'est l'*albâtre* dit *gypseux*.

De même que le calcaire, le gypse peut être dissous par les eaux qui circulent dans le sol. Ces eaux, dites *eaux dures* ou *eaux crues*, doivent être considérées comme impropres à la plupart des usages économiques et industriels de l'eau naturelle.

403. Les roches argileuses ont pour élément dominant l'argile, composé de silice (ou acide silicique) et d'alumine.

L'argile est une substance terreuse, douce au toucher, susceptible de former avec l'eau une pâte durcissant au feu. Fréquemment elle est colorée par des matières étrangères, surtout par l'oxyde de fer. C'est la matière première des diverses poteries (235).

On appelle *kaolin* une variété d'argile très pure employée à la fabrication de la porcelaine.

Les argiles contenant des quantités notables d'oxyde de fer portent le nom d'*ocres*. Il y en a de jaunes et de rouges. Les ocres sont employées en peinture.

Il y a des argiles qui contiennent une proportion plus ou moins grande de calcaire. On leur donne le nom de *marnes;* on les reconnaît à ce qu'elles font effervescence avec les acides. Les marnes sont employées en agriculture pour amender les terres trop sablonneuses.

Aux roches argileuses se rattachent les *schistes,* substances dont la composition est à peu près la même que celle des argiles, mais qui ont une consistance pierreuse et une structure feuilletée.

Les plus connues de ces substances sont les *ardoises,* produits naturels qui ont la propriété de se laisser diviser en feuilles minces et planes.

Certains schistes sont imprégnés de matières bitumineuses. On en retire par la distillation un liquide employé dans l'éclairage sous le nom d'*huile de schiste*.

404. Les **roches siliceuses** ont pour élément essentiel le quartz ou silice, substance qui porte en chimie le nom d'*acide silicique* (233).

Ces roches consistent en *sables, graviers, grès* ou *silex*. Les sables et les graviers sont formés de grains ou de fragments non adhérents entre eux. Les grès sont constitués par de petits grains fortement agrégés. Les silex sont compacts et font feu au briquet.

Ce n'est pas seulement en dépôts étendus que l'on rencontre le quartz. On le trouve encore en *filons* ou veines traversant des roches de diverses natures, ou en cristaux dans les fentes des rochers, constituant le *cristal de roche* (fig. 121).

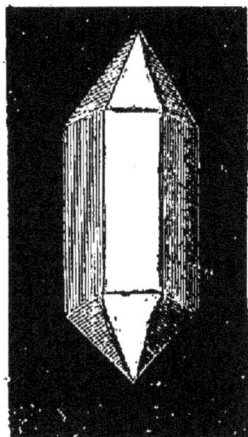

FIG. 121.
Cristal de roche.

Ce sont des variétés de quartz qui constituent les pierres d'ornement appelées *jaspe, agate, cornaline, opale, améthyste*.

Nous verrons que le quartz est un des éléments constituants d'un grand nombre de roches ignées.

A quelque état qu'existe le quartz, ce minéral est toujours très dur et susceptible de rayer le marbre, le fer et même l'acier.

Le cristal de roche, l'opale, l'agate, etc., sont employés par les joailliers et les lapidaires. Le grès sert à paver les rues et à faire des meules à aiguiser. Avec une variété de silex appelée *pierre meulière*, on fait des meules de moulin. Le sable est employé dans la confection des mortiers et dans la fabrication du verre et des poteries.

405. Les **roches salifères** sont formées par le *sel*

gemme. Ce minéral, qui est identique pour la composition au sel marin, forme sous le sol, dans certains pays, des couches d'une grande épaisseur. Quelquefois, il est presque pur, mais le plus souvent il est mélangé de matières terreuses.

Il y a des mines de sel gemme dans un grand nombre de localités. Les plus célèbres, en Europe, sont celles de Wieliczka (Pologne). Il y en a quelques-unes en France, dans les départements de l'Est. Depuis quelques années, on en exploite une aux environs de Dax.

QUESTIONNAIRE. — Quelles sont les principales roches sédimentaires? — Quel est l'élément dominant des roches calcaires? — Que renferment presque toujours ces roches? — Énumérez les principales variétés de calcaires. — Comment expliquez-vous qu'une matière déposée autrefois au fond des eaux puisse se trouver aujourd'hui à de grandes hauteurs au-dessus de la mer? — Quelle est la composition des roches gypseuses? — Dans quelles localités sont-elles abondantes? — Que tire-t-on du gypse? — Quel est l'élément principal des roches argileuses? — Quels sont les caractères de l'argile? — Qu'est-ce qui la colore fréquemment? — En quoi consistent le kaolin? — les ocres? — les marnes? — Quels sont les usages de ces diverses variétés d'argile? — Comment reconnaît-on les marnes? — Qu'appelle-t-on schiste? — Quelle est l'espèce de schiste la plus connue? — Qu'est-ce que l'huile de schiste? — Quel est l'élément principal des roches siliceuses? — En quoi ces roches consistent-elles habituellement? — Le quartz forme-t-il toujours des roches? — Citez des variétés intéressantes du quartz. — Quelle est la propriété commune à toutes les variétés de ce minéral? — Quels en sont les emplois industriels? — Dites quelques mots sur la nature et le gisement des roches salifères.

III. — Principales roches ignées.

406. Les principales roches ignées sont les roches *granitiques,* les *porphyres,* les *trachytes* et les *basaltes.* On peut y ajouter les *laves* des volcans modernes.

407. Les **roches granitiques,** qui présentent d'ailleurs un grand nombre de variétés, sont les plus abondantes des roches ignées. La plus remarquable de ces variétés est le *granit* proprement dit. On donne ce nom à une roche de texture grenue formée de trois éléments mélangés et très adhérents entre eux : le *quartz*, le *feldspath* et le *mica*.

Nous connaissons le quartz (404). Le feldspath est une substance formée de silice unie soit à l'alumine et à la potasse, soit à l'alumine et à la soude, soit à l'alumine et à la chaux.

Le feldspath peut se décomposer lentement sous l'influence de la pluie, de la sécheresse, de la gelée, etc., et donner un résidu de la nature de l'argile. On pense que les diverses espèces d'argile ont précisément pour origine cette décomposition lente des matières feldspathiques.

Le mica est aussi formé de silice unie à l'alumine et à plusieurs autres bases, mais il est moins dur que le feldspath, et, au lieu de former, comme ce dernier, des cristaux plus ou moins volumineux, il se présente sous la forme de paillettes minces et brillantes, de couleurs variées. Ces paillettes miroitantes s'observent facilement sur un fragment de granit.

En Sibérie, on trouve des lames transparentes de mica de plusieurs mètres carrés de surface; on les utilise en guise de verre à vitre. Mais on trouve aussi ce minéral en petites paillettes brillantes ressemblant à de la poudre d'or. C'est cette poudre, séparée des sables avec lesquels elle est mélangée, que l'on emploie quelquefois pour sécher l'encre.

Les roches granitiques se trouvent surtout dans les pays de montagnes. En France, ces roches occupent de vastes étendues dans l'Auvergne, le Limousin et la Bretagne. La partie centrale des massifs des Pyrénées, des Alpes et des Vosges en est totalement formée.

Le granit fournit des matériaux de construction d'une grande dureté. On en fait des pavés, des bordures de trottoirs et de quais, des digues dans les ports de mer, etc.

408. Les **porphyres** ont à peu près la même compo-

sition que les granits. Ils en diffèrent par leur texture
qui, au lieu d'être grenue, est compacte. Ils sont aussi
très durs et peuvent présenter diverses couleurs. Les
belles variétés sont employées comme pierres d'ornement.
Les variétés communes servent au pavage des rues.

409. Les **trachytes** sont des roches de nature feldspa-
thique, moins dures que les granits et les porphyres, de
couleur sombre et terne. Ces roches forment les massifs
du Cantal, du mont Dore et du Puy-de-Dôme.

410. Les **basaltes** sont formés, comme les roches précédentes, par la combinaison de divers silicates (1). Ils
doivent leur cou-
leur noire à la
présence d'une
quantité notable
d'oxyde de fer.
Ces roches for-
ment des nap-
pes étendues ou
remplissent des
filons dans les
pays dont le sol

Fig. 122. — Roches basaltiques.

est volcanique, comme en Auvergne et dans l'Ardèche.

Les roches basaltiques sont remarquables par leur
tendance à se diviser en longs prismes dont l'ensemble
simule des rangées de colonnes formant des décorations
naturelles remarquables (fig. 122).

411. On désigne sous le nom de **laves** les produits
liquides qui s'épanchent des cratères des volcans et qui se
solidifient ensuite en se refroidissant. Comme les autres
roches ignées, les laves sont formées de la réunion de silicates variés. Mais elles ont pour caractère fréquent d'être
poreuses, et cette structure est due aux produits gazeux qui

(1) Silicates d'alumine, de chaux, de soude, de potasse, de magnésie, etc.

se sont dégagés des volcans en même temps que la lave. Ces produits, emprisonnés au sein de la matière pâteuse, y ont laissé la trace de leur présence à la manière des gaz emprisonnés dans la pâte du pain pendant sa cuisson.

On trouve des laves autour de tous les volcans en activité. On en trouve aussi en abondance en Auvergne, autour de volcans aujourd'hui éteints et dont les éruptions ont précédé les temps historiques.

QUESTIONNAIRE. — Quelles sont les principales roches ignées? — Quelle est la composition du granit? — Qu'est-ce que le quartz? — le feldspath? — le mica? — Dans quelles régions trouve-t-on les roches granitiques? — Quels en sont les usages? — En quoi consistent les porphyres? — A quels usages les emploie-t-on? — En quoi consistent les trachytes? — Quelles sont les montagnes que forment ces roches? — Quelle est la composition des basaltes? — Dans quelles régions et sous quelle forme les trouve-t-on? — Quelle est la tendance spéciale à ces roches? — Qu'appelle-t-on laves? — Quelle est la cause de leur porosité habituelle? — Dans quel pays trouve-t-on des laves en abondance?

IV. — Métaux.

412. Les métaux se trouvent rarement dans la nature à l'état natif, c'est-à-dire purs. Le plus souvent ils sont combinés avec l'oxygène ou avec le soufre, formant des oxydes ou des sulfures, et ces oxydes et ces sulfures eux-mêmes sont mélangés de matières terreuses diverses.

On donne le nom de *minerais* aux substances minérales d'où l'on extrait les métaux.

Les minerais, sauf ceux du fer, forment rarement de grands amas comparables aux roches; le plus souvent ils se trouvent en petites masses disséminées au milieu de roches de nature différente, ou en filons ou veines qui parcourent le sol dans différents sens. Les excavations pratiquées dans le sol pour l'exploitation des minerais s'appellent *mines;* leur disposition dépend de celle du minerai qu'il s'agit d'exploiter.

413. Fer. — Le fer est le plus important de tous les métaux à cause de ses usages nombreux et variés; c'est aussi celui que l'on trouve en plus grande abondance dans la nature, où il forme des oxydes, des carbonates et des sulfures. Les oxydes et les carbonates de fer sont seuls exploités comme minerais de fer. Il en existe des mines très riches en Suède, en Angleterre, en France (¹) et dans l'île d'Elbe.

Les sulfures de fer, appelés *pyrites,* ne sont pas exploités comme minerais de fer, à cause de la difficulté de séparer complètement le fer du soufre. Ces pyrites fournissent à l'industrie du *soufre* et du *sulfate de fer.*

414. Plomb. — Le minerai de plomb est la *galène* ou *sulfure de plomb,* composé qui se rencontre en France, en Angleterre, en Allemagne et en Espagne. Certaines variétés de ce minerai sont *argentifères,* c'est-à-dire contiennent de l'argent. Par une première opération on extrait du minerai le plomb et l'argent combinés, et par une seconde opération on sépare les deux métaux l'un de l'autre.

415. Cuivre. — Le principal minerai de cuivre est la *pyrite cuivreuse,* combinaison de sulfure de fer et de sulfure de cuivre. L'Angleterre, la Hongrie et la Suède en possèdent des mines importantes. Certaines pyrites cuivreuses sont argentifères. On en extrait d'abord l'argent et le cuivre combinés; ensuite on opère la séparation des deux métaux.

416. Étain. — L'étain s'extrait de l'oxyde d'étain, composé qui forme des mines importantes en Angleterre. On trouve aussi ce minerai en Allemagne, au Mexique et dans la presqu'île de Malacca où il est très abondant.

417. Zinc. — Les minerais de zinc sont la *calamine*

(¹) Les régions de la France qui produisent le fer sont très nombreuses. Nous citerons: la Normandie, le Berry, la Bourgogne, la Lorraine, la Franche-Comté, l'Ariège, la Dordogne.

et la *blende*. La calamine est formée de carbonate et de silicate de zinc, et la blende, de sulfure de zinc. Les principales mines de zinc se trouvent en Angleterre, en Belgique et en Allemagne.

418. MERCURE. — Le mercure s'extrait du *sulfure de mercure* ou *cinabre*. Ce minerai s'exploite principalement à Trieste (Autriche), à Almaden (Espagne) et au Mexique. Une variété de cinabre, connue sous le nom de *vermillon*, est employée en peinture.

419. ARGENT. — L'argent se rencontre parfois dans la nature à l'état natif; mais on l'extrait principalement du sulfure d'argent, minerai que l'on trouve en Hongrie, en Allemagne et surtout en Amérique, dans la Bolivie notamment. Nous avons vu que les minerais de cuivre et de plomb renferment souvent de l'argent : tels sont les sulfures de cuivre des Vosges et les galènes de la Bretagne.

420. OR. — L'or ne se trouve dans la nature qu'à l'état natif ou allié avec de petites quantités de cuivre, de fer ou d'argent. On le rencontre quelquefois en filons dans des roches dures: mais, le plus souvent, c'est dans les sables d'alluvion ([1]) qu'il se trouve; il forme dans ces sables des paillettes ou des petits grains plus ou moins volumineux connus sous le nom de *pépites*.

L'or se trouve dans toutes les parties du monde; mais il est surtout abondant en Californie, dans l'Australie et dans l'Oural. Quelques rivières, en France, en charrient des parcelles, par exemple le Rhône, l'Ariège, la Garonne.

421. PLATINE. — Ce métal se trouve, comme l'or, en paillettes ou en pépites, dans les sables d'alluvion, associé à plusieurs métaux étrangers. Les principaux gisements de platine sont situés dans les monts Ourals, au Brésil et dans la Nouvelle-Grenade.

([1]) On entend par *sables d'alluvion* des sables qui ont été transportés par es eaux dans les lieux qu'ils occupent.

QUESTIONNAIRE. — A quels états les métaux se trouvent-ils habituellement dans la nature? — Qu'appelle-t-on minerais? — De quelles manières les minerais sont-ils disposés au sein de la terre? — Qu'appelle-t-on mines? — Quels sont les minerais ordinaires de fer? — Dans quels pays en trouve-t-on en plus grande abondance? — — Qu'appelle-t-on pyrites? — Pourquoi les pyrites ne sont-elles pas employées comme minerais de fer? — Qu'est-ce que l'industrie en retire? — Quel est le minerai ordinaire de plomb? — Dans quel pays se trouve-t-il en plus grande abondance? — Quel est le métal que l'on trouve parfois associé au plomb dans ses minerais? — Quel est le principal minerai de cuivre? — Quels sont les pays qui en possèdent des mines importantes? — Que trouve-t-on parfois associé au cuivre dans ses minerais? — Quel est le minerai d'étain? — Où le trouve-t-on? — Quels sont les minerais de zinc? Où les trouve-t-on? — Quel est le minerai de mercure? — Où le trouve-t-on? — A quels états rencontre-t-on l'argent? — Dans quel pays en existe-t-il? — A quel état l'or se trouve-t-il le plus fréquemment? — Dans quels terrains le rencontre-t-on? — Dans quel pays est-il abondant? — N'en trouve-t-on pas en France? — A quel état le platine se rencontre-t-il? — Quels sont les terrains qui le recèlent? — De quels pays provient-il?

V. — Pierres précieuses.

422. Les pierres précieuses sont les substances minérales employées dans le commerce de la joaillerie. On les trouve habituellement disséminées au milieu des autres minéraux. Ces pierres ont une grande dureté, présentent souvent de vives couleurs et sont susceptibles d'acquérir un beau poli. La plus célèbre des pierres précieuses est le *diamant* qui n'est autre chose que du carbone pur et cristallisé. C'est le plus dur de tous les corps, car il les raye tous et ne se laisse rayer par aucun. On le trouve dans le sable aux Indes, au cap de Bonne-Espérance, au Brésil et dans les monts Ourals.

Outre son emploi comme objet de parure, le diamant est encore employé pour couper le verre et pour supporter les pivots des pièces d'horlogerie. Sa poussière sert à polir les autres pierres précieuses.

Les pierres précieuses autres que le diamant sont très nombreuses. Les unes sont formées de silice, telles sont l'*améthyste*, l'*agate*, la *calcédoine*, l'*opale;* les autres sont formées d'alumine pure ou combinée avec d'autres substances, comme la *turquoise*, le *grenat*, l'*émeraude*, le *saphir*, et les diverses variétés de *topazes* et de *rubis*.

QUESTIONNAIRE. — Qu'appelle-t-on pierres précieuses? — Quelles sont les propriétés communes à toutes les pierres précieuses? — Que savez-vous sur la nature du diamant? — sur ses propriétés? — son gisement? — ses emplois? — Quelles sont les substances qui entrent le plus fréquemment dans la composition des autres pierres précieuses? — Nommez quelques-unes de ces pierres précieuses?

VI. — Des substances combustibles.

423. En outre des substances minérales étudiées dans les chapitres précédents, la terre recèle encore dans son sein des substances combustibles telles que du soufre et du charbon ; mais les dépôts en sont rarement assez considérables pour justifier le nom de *roches combustibles* qu'on leur donne quelquefois.

424. SOUFRE. — Le soufre existe dans la nature à l'état natif et à l'état de combinaison.

Le soufre natif se trouve principalement dans les environs des volcans, où il est plus ou moins mélangé de matières terreuses. On en tire de grandes quantités de la Sicile et des environs de Naples.

A l'état de combinaison avec les métaux, le soufre forme des sulfures nombreux (pyrites, galène, blende, etc.) dont nous avons déjà parlé. Il entre aussi dans la composition du gypse (sulfate de chaux hydraté) et de plusieurs autres sulfates naturels.

425. HOUILLE ET ANTHRACITE. — La houille ou charbon de terre est une substance charbonneuse provenant de la décomposition de matières végétales enfouies depuis longtemps dans le sein de la terre. Il en existe des dépôts étendus dans le nord, le centre et le midi de la France; mais il en existe de bien plus étendus encore en Angleterre et en Belgique.

Les dépôts de houille se présentent habituellement sous la forme de couches superposées, pouvant aller au nombre de 50 et même de 100, et séparées les unes des autres par des lits de grès et d'argile ou de schistes. L'épaisseur de ces couches atteint quelquefois dix mètres, mais le plus souvent elle ne dépasse pas un mètre ou deux.

Les variétés de houille sont très nombreuses; cependant on peut les diviser en deux classes principales : les houilles *grasses* et les houilles *maigres* (164).

On donne le nom d'*anthracite* à une espèce de charbon de terre plus compact que la houille ordinaire, ne pouvant brûler que lorsqu'il est en grandes masses, mais donnant beaucoup de chaleur, sans répandre de fumée ni d'odeur.

Le charbon de terre est l'une des matières minérales les plus précieuses. C'est en partie à l'emploi de ce combustible que sont dus les progrès considérables qu'a faits l'industrie dans notre siècle.

426. GRAPHITE. — Nous avons déjà parlé de cette variété de charbon (163).

427. LIGNITE. — Le lignite est une substance charbonneuse provenant, comme la houille, de la décomposition de végétaux enfouis au sein de la terre; mais cette substance paraît avoir une origine moins ancienne que la houille, et souvent les fragments de lignite présentent une texture rappelant celle du bois d'où ils proviennent.

Les lignites s'allument et brûlent facilement. On les exploite comme combustibles sur plusieurs points de la France, notamment dans les Vosges, dans le département de l'Aisne et dans plusieurs départements du Midi.

On nomme *jais* ou *jayet* une variété de lignite compacte, susceptible d'acquérir un beau poli, et dont on fait des ornements de deuil.

428. TOURBE. — La tourbe est une substance brune, peu compacte, provenant de la décomposition des matières végétales accumulées au fond des marais. Cette substance s'emploie fréquemment comme combustible; mais elle brûle mal, développe peu de chaleur et produit beaucoup de fumée. Il existe de nombreuses tourbières en France, principalement en Normandie, dans les départements du Nord, dans les Bouches-du-Rhône et dans l'Isère.

429. BITUMES. — On donne le nom de bitumes à diverses substances liquides ou solides, formées surtout de carbone et d'hydrogène, qui paraissent provenir, comme les substances précédentes, de la décomposition de matières organiques enfouies dans la terre. Les bitumes sont très combustibles. Ils comprennent le *pétrole* ou *naphthe*, le *malthe* et *l'asphalte*.

Le **pétrole** est liquide. Il en existe des sources abondantes sur les bords de la mer Caspienne, en Italie, près de Parme, et surtout en Amérique, aux États-Unis et au Canada. On l'emploie pour l'éclairage.

Le **malthe** ou **pissasphalte** est mou et glutineux; il durcit par l'action du froid et se ramollit par la chaleur. On le trouve en France dans un assez grand nombre de localités, principalement dans les départements de l'Ain, du Puy-de-Dôme, du Bas-Rhin et des Basses-Pyrénées. Mélangé avec le sable, il sert à construire des trottoirs. A l'état pur, on l'emploie pour graisser les voitures, enduire les cordages, etc.

L'**asphalte** est solide. On le trouve flottant sur les eaux du lac Asphaltite ou mer Morte. On l'emploie pour faire des vernis.

QUESTIONNAIRE. — A quels états le soufre existe-t-il dans la nature? — Où trouve-t-on le soufre natif? — Citez des composés naturels qui renferment ce corps? — Qu'est-ce que la houille? — Quelle en est l'origine? — Où en existe-t-il? — Qu'appelle-t-on houille grasse et houille maigre? — En quoi consiste l'anthracite? — Qu'est-ce que le graphite ou plombagine? — A quel usage emploie-t-on cette substance? — Qu'est-ce que le lignite? — En quoi cette substance diffère-t-elle de la houille? — Quels en sont les emplois? — Qu'appelle-t-on jais ou jayet? — Qu'est-ce que la tourbe? — Quelle en est l'origine? — Dans quelles parties de la France s'en trouve-t-il? — Quels en sont les usages? — Qu'appelle-t-on bitumes? — Quelle est l'origine probable des bitumes? — Quelle est la propriété commune à toutes les espèces de bitumes? — Enumérez les principales espèces de bitumes? — Dites dans quelles localités on les trouve et à quels usages on les emploie.

VII. — De la terre arable.

430. La terre *arable* ou *terre végétale* est la couche superficielle du sol, dans laquelle croissent les végétaux. L'épaisseur de cette couche est très variable. Elle est formée par des débris plus ou moins fins de roches diverses, mêlés avec des résidus de matières végétales et animales. Tantôt la terre végétale s'est formée sur place, tantôt elle a été transportée par les eaux dans les lieux qu'elle occupe.

La terre végétale réunit les meilleures conditions pour la culture lorsqu'elle contient des proportions à peu près égales de calcaire, d'argile et de sable, et lorsque, à ces éléments minéraux, s'ajoute une quantité suffisante d'*humus,* c'est-à-dire de débris d'animaux et de végétaux.

Si la composition d'un sol n'est pas celle qu'il doit avoir, on l'*amende,* c'est-à-dire on y ajoute les éléments qui lui manquent. Ainsi, on amende les terres trop sablonneuses en y ajoutant de la marne; on amende les terres trop argileuses en y introduisant de la chaux ou du calcaire, etc.

QUESTIONNAIRE. — Qu'appelle-t-on terre arable ou terre végétale? — Quelle est l'origine de la terre arable? — A-t-elle toujours été formée sur place? — Quelles sont les meilleures terres arables? — Qu'est-ce qu'amender un sol?

HYGIÈNE

431. L'hygiène est l'ensemble des règles à suivre pour se conserver en bonne santé.

I. — Du régime alimentaire.

432. CHOIX DES ALIMENTS. — Les aliments de l'homme peuvent se diviser en deux classes, suivant leur provenance : 1º les aliments d'origine animale ; 2º les aliments d'origine végétale.

Suivant leur composition, les substances alimentaires peuvent se diviser en *substances azotées, substances amylacées et sucrées, corps gras* (¹).

L'expérience apprend qu'une alimentation normale doit être basée sur l'emploi simultané de ces trois sortes de substances. Les substances azotées apportent surtout à nos organes les matériaux nécessaires à leur constitution, tandis que les matières amylacées et sucrées, ainsi que les corps gras, fournissent le carbone et l'hydrogène nécessaires à l'entretien de la combustion vitale (²).

433. La plupart des matières animales (viande, œufs, fromage, etc.) sont très riches en principes azotés, et par suite très nutritives ; mais étant dépourvues de principes amylacés et sucrés, et contenant peu de principes gras, ces matières ne pourraient constituer seules une bonne alimentation ; leur usage exagéré produit la goutte, la gravelle et des irritations d'entrailles.

(¹) Voir les *Leçons de Chimie* (256, 260, 262, 268).
(²) Voir les *Leçons de Zoologie* ou celles de *Chimie* (140, 284).

D'un autre côté, les aliments d'origine végétale, tels que le pain, les légumes et les fruits, sont très riches en matières amylacées ou sucrées, mais contiennent peu de principes azotés. Ces aliments sont donc peu nutritifs, et, pour s'en nourrir exclusivement, il en faudrait consommer de grandes quantités, ce qui fatiguerait les organes de la digestion.

Le régime alimentaire de l'homme doit donc être mixte, c'est-à-dire se composer en même temps de substances animales et de substances végétales. L'observation a montré que le poids de pain à associer à la viande dans les repas est de quatre fois environ le poids de celle-ci.

Il faut, en outre, varier autant que possible les aliments, car l'estomac se fatigue vite lorsqu'il doit toujours digérer les mêmes substances.

434. DES REPAS. — On ne doit manger que lorsque la digestion du repas précédent est achevée. Voilà pourquoi il faut laisser un intervalle de cinq à six heures au moins entre deux repas successifs. Cependant les repas doivent être plus rapprochés dans la jeunesse et dans l'enfance. Ils doivent aussi être plus rapprochés et plus abondants pour les hommes qui se livrent à de rudes travaux. Enfin, il faut, autant que possible, que les repas se fassent à heure fixe chaque jour, la régularité étant une des conditions d'une bonne digestion.

Le sel et les autres assaisonnements favorisent la digestion, mais leur abus expose à des dérangements l'estomac et à des inflammations d'entrailles.

435. DES BOISSONS. — La meilleure boisson est un mélange de vin et d'eau par parties égales. Mais on peut y substituer toute autre liqueur fermentée, telle que le cidre et la bière.

L'eau pure est une boisson saine; cependant elle n'est pas propre à entretenir les forces comme les boissons fermentées. Ces dernières doivent surtout leurs propriétés toniques et excitantes à l'alcool qu'elles contiennent.

Quoique les boissons alcooliques, prises avec modération, soient salutaires, leur abus peut entraîner la ruine de la santé. Voilà pourquoi on doit éviter de boire habituellement du vin pur et de l'eau-de-vie, et surtout d'en boire entre les repas (¹).

Il est imprudent de boire de l'eau fraîche en abondance quand le corps est en sueur; il en peut résulter des pleurésies et des fluxions de poitrine.

Les eaux naturelles, pour être bonnes à boire, doivent être aérées, c'est-à-dire doivent contenir de l'air en dissolution; elles doivent contenir aussi une petite quantité de sels de chaux et principalement du carbonate de chaux; ce sel paraît utile pour former la substance des os. Enfin, elles ne doivent pas contenir de matières animales ou végétales en décomposition (²).

QUESTIONNAIRE. — Qu'est-ce que l'hygiène? — Comment peut-on diviser les aliments de l'homme, eu égard à leur provenance? — Comment peut-on les diviser, eu égard à leur composition? — Quelle doit être la base d'une alimentation normale? — Quel est e rôle des matières azotées dans la nutrition? — Quel est le rôle des matières amylacées et sucrées? — des corps gras? — Pourquoi les aliments d'origine animale sont-ils très nutritifs? — Ces aliments pourraient-ils constituer seuls une bonne alimentation? — Quel est l'inconvénient de l'usage exagéré de cette classe d'aliments? — Pourquoi les aliments d'origine végétale sont-ils moins nutritifs que les précédents? — Quel serait l'inconvénient d'une nourriture exclusivement végétale? — Quelle est la conséquence de ce qui précède? — Dans quelle proportion le pain doit-il être associé à la

(¹) L'alcool pris habituellement en excès corrode les parois de l'estomac, cause la perte de l'appétit, altère et diminue le volume du tissu nerveux, prédispose à la folie et abrège la durée de la vie.
(²) Nous avons vu (153) que les eaux de marais, d'étang ou de mare ne doivent être employées pour la boisson ou pour la préparation des aliments qu'après avoir été filtrées. Si l'on n'a pas de filtre à sa disposition, on soumet à l'ébullition l'eau dont on suspecte la pureté. La chaleur tue ou paralyse les germes morbides (germes de dysenterie, de fièvre typhoïde, etc.), que l'eau peut renfermer. Il peut être prudent aussi d'ajouter à l'eau suspecte soit une infusion de thé, soit une infusion de café.

viande dans les repas? — Quelle est l'utilité d'une alimentation variée? — Quel est le précepte essentiel à observer quant à l'intervalle qui doit séparer les repas? — Quelle doit être au moins la durée de cet intervalle? — Cette durée ne peut-elle pas être diminuée dans certains cas? — Quel précepte pouvez-vous indiquer encore relativement à la succession des repas? — Quel est l'avantage du sel et des autres assaisonnements? — A quels inconvénients leur abus expose-t-il? — En quoi consiste la meilleure boisson? — Que peut-on cependant y substituer? — Quels sont les avantages et les inconvénients de l'eau pure employée comme boisson? — A quel principe les boissons fermentées doivent-elles leurs propriétés toniques et excitantes? — Ne doit-on pas apporter de la modération dans l'usage de ces boissons? — Dans quelle circonstance doit-on s'abstenir de boire de l'eau fraîche? — Quelles qualités doit avoir l'eau pour être potable?

II. — De l'air respirable.

436. L'air est l'agent essentiel de la respiration. Cette fonction, indispensable à l'entretien de la vie, s'opère dans les poumons; elle consiste dans la transformation du sang veineux en sang artériel, sous l'influence de l'oxygène de l'air.

Pour que la respiration s'exécute d'une manière efficace, il faut que l'air respiré soit pur. L'expérience montre que la présence d'un gaz étranger donne toujours à l'air des propriétés nuisibles. On doit donc éviter de laisser se répandre dans l'air que l'on respire toute émanation quelle qu'elle soit, et, dans ce but, on doit éloigner des maisons habitées les fumiers, les tas d'immondices, les débris de toutes sortes, d'où peuvent se dégager des gaz toujours malsains.

437. La respiration des animaux tendant à faire disparaître l'oxygène de l'air et à le remplacer par de l'acide carbonique, l'air des appartements habités se vicie rapidement par la respiration des personnes qui y séjournent; voilà pourquoi il faut en renouveler l'air fréquemment en ouvrant les portes et les fenêtres aussi souvent qu'on le peut. Cette prescription doit surtout s'observer pour les salles où se réunissent un grand nombre de personnes, comme les salles d'école et les ateliers (1).

438. La combustion du charbon, des bougies, du gaz, etc., vicie l'air de la même manière que la respiration des animaux, en en faisant disparaître l'oxygène et le remplaçant par de l'acide carbonique. Aussi l'air se vicie bien plus rapidement la nuit que le jour dans les salles de réunion, à cause des lumières employées pour l'éclairage.

Il est très imprudent de faire brûler du charbon dans une pièce quelle qu'elle soit, lorsque le fourneau n'est pas disposé de manière à ce que les gaz produits par la combustion se dégagent au dehors à mesure qu'ils se forment. Les exemples d'asphyxie causés par cette habitude sont malheureusement très fréquents.

Non seulement le charbon, en brûlant, produit une grande quantité d'acide carbonique, mais il produit toujours aussi de l'oxyde de carbone (180), gaz dont les propriétés sont bien plus redoutables que celles de l'acide carbonique, parce qu'il agit sur les organes comme un véritable poison.

439. Les végétaux ont, sur l'atmosphère, une action purifiante, en en faisant disparaître l'acide carbonique et en le remplaçant par de l'oxygène. Cette action est une des causes pour lesquelles l'air de la campagne est plus salubre que celui des villes. Cependant cette action purifiante n'a lieu que sous l'influence de la lumière. Nous

---

(1) On ne doit pas oublier que le séjour habituel dans des salles mal aérées est une condition éminemment favorable au développement de la *phtisie pulmonaire*. Cette maladie est, en effet, de beaucoup plus fréquente chez les personnes sédentaires que chez celles dont la vie se passe habituellement au grand air.

avons vu (352) que les plantes exhalent par leur respiration de l'acide carbonique, et que, lorsqu'elles sont
placées dans l'obscurité, ce gaz peut s'accumuler autour
d'elles en quantité appréciable. Voilà pourquoi on ne
doit pas conserver des végétaux en grande quantité dans
des pièces fermées, surtout la nuit. D'ailleurs, les fleurs
peuvent avoir, par leurs odeurs, une influence fâcheuse
sur le système nerveux.

L'air peut être vicié, dans certains cas, par la fermentation du vin, de la bière, du cidre, phénomène qui
produit en abondance de l'acide carbonique. On ne doit
donc pénétrer qu'avec précaution dans les celliers où se
produit cette fermentation, et l'on ne doit descendre
dans une cuve qu'après s'être assuré, en y introduisant
préalablement une bougie, que l'air en est respirable.

QUESTIONNAIRE. — En quoi consiste la respiration? — A quelle
condition cette fonction s'exécute-t-elle d'une manière efficace? —
Quel est le précepte hygiénique qui découle de cette condition? —
Pourquoi l'air d'un appartement habité doit-il être fréquemment
renouvelé? — Comment l'air est-il vicié par la combustion du
charbon, des bougies, du gaz, etc.? — Insistez sur le danger auquel
on s'expose en faisant brûler du charbon dans une pièce fermée. —
Quelle est l'action des végétaux sur la composition de l'atmosphère?
— Cette action se produit-elle constamment? — Quelles sont les
parties des végétaux dont les émanations peuvent devenir dangereuses? — Dans quelle circonstance encore l'air peut-il être vicié?
Quelles précautions doit-on prendre quand cette circonstance se
produit?

III. — Des habitations.

440. Une habitation, pour être saine, doit être située
loin des eaux stagnantes, des cloaques, en général des
lieux où se trouvent des matières organiques en décomposition; elle doit être bâtie sur un terrain sec et présenter des ouvertures assez nombreuses pour que la

lumière y pénètre en abondance et que l'air s'y renouvelle
facilement.

La meilleure exposition, en France, pour une maison
habitée, est l'exposition au levant; celle du nord est trop
froide en hiver; celle du midi trop chaude en été et celle
du couchant trop humide en toute saison.

On ne doit pas s'établir dans une maison nouvellement
bâtie ou dans un appartement fraîchement réparé, à
cause de l'humidité qui y règne encore, et des émanations dangereuses des peintures récentes.

441. Il n'est pas sain de coucher dans des alcôves ou
dans des pièces qui n'ont pas d'ouvertures directes au
dehors, parce que l'air ne s'y renouvelle pas facilement.
On doit même éviter de coucher dans des appartements
habités le jour, afin de n'avoir à respirer, pendant le
sommeil, qu'un air parfaitement pur.

442. Le feu des cheminées est plus salubre que celui
des poêles, parce qu'il produit un renouvellement plus
actif de l'air. En revanche, les poêles chauffent mieux
que les cheminées, et on les préfère pour les salles de
grandes dimensions; mais on doit toujours éviter d'en
porter les parois au rouge, et il est bon de poser dessus
un large vase plein d'eau, pour maintenir l'atmosphère
de la salle au degré d'humidité que nécessite la température qui y règne (1).

Quel que soit le procédé de chauffage que l'on adopte,
il ne faut jamais porter au delà de 18 degrés la température de l'air d'une pièce habitée.

QUESTIONNAIRE. — A quelles conditions une habitation peut-elle
être saine? — Quelle est la meilleure exposition, en France, pour
une maison habitée? — Pourquoi ne doit-on pas s'établir dans une
maison nouvellement bâtie ou fraîchement réparée? — Pourquoi

(1) Des observations récentes ont montré que les poêles en fonte laissent
exhaler de l'oxyde de carbone, inconvénient que n'offrent pas les poêles en
tôle ou en terre cuite.

n'est-il pas sain de coucher dans des pièces qui n'ont pas d'ouve.-
tures directes au dehors ou qui sont habitées le jour ? — Quels
sont les deux modes de chauffage les plus répandus? — Quels sont
les avantages et les inconvénients de l'un et de l'autre mode? —
Quelle précaution doit-on prendre quand une pièce est chauffée
par un poêle? — Quelle est la température au-dessus de laquelle
il ne faut pas élever l'intérieur des salles habitées?

IV. — Des vêtements.

443. Les vêtements doivent être diversifiés selon le
climat, la saison et selon l'âge et l'état de santé ou de
malaise de chacun. C'est ainsi que les personnes faibles
et souffrantes, les vieillards, les jeunes enfants ont besoin
d'être vêtus plus chaudement que les personnes énergiques, saines, qui font de l'exercice.

444. La laine fournit les vêtements les plus sains.
Ayant un faible pouvoir conducteur pour la chaleur, elle
s'oppose au refroidissement du corps en hiver, et atténue
en toutes saisons les effets dangereux des variations
brusques de température. Voilà pourquoi les personnes
sensibles au froid, celles qui s'enrhument facilement ou
transpirent au moindre effort, doivent porter de la
flanelle et la conserver l'été comme l'hiver.

Le coton jouit des propriétés de la laine, mais à un
degré moindre. Il est toujours plus hygiénique que la
toile de chanvre ou de lin, surtout pour les vêtements
qui sont en contact direct avec le corps.

L'usage des vêtements de caoutchouc n'est pas à
approuver. Ces vêtements présentent, en effet, l'inconvénient de gêner la transpiration insensible du corps et de
s'opposer à l'évaporation de la sueur.

445. Lorsque arrive le printemps, on ne doit pas remplacer brusquement les vêtements d'hiver par ceux d'été,
et si on les a quittés prématurément, il ne faut pas

hésiter à les reprendre dès que le temps se remet au froid.

Quel que soit d'ailleurs l'état de la température, on ne doit jamais se découvrir lorsqu'on est en sueur et que l'on cesse de faire de l'exercice. On évite, dans ces circonstances, la transition brusque du chaud au froid, en changeant de linge et en se tenant suffisamment couvert.

446. Il est essentiel que les vêtements laissent toute liberté au jeu des organes de la circulation et de la respiration. On ne doit jamais se serrer fortement la taille, ni faire usage de cravates trop serrées ou de cols trop étroits ([1]).

Les chaussures ne doivent pas non plus être trop étroites; elles seraient une cause de gêne et de douleur continuelles, et engendreraient infailliblement des cors.

La coiffure doit être légère; d'ailleurs on doit se couvrir la tête le moins possible.

Enfin, les vêtements doivent toujours être tenus propres. Il faut fréquemment changer de linge de corps, surtout en été. La malpropreté est la cause d'une foule d'infirmités et d'affections graves de la peau.

QUESTIONNAIRE. — Quelles sont les personnes qui ont particulièrement besoin de vêtements chauds? — En quoi consistent les avantages des vêtements de laine? — Quelles sont les personnes qui doivent adopter l'usage des gilets de flanelle? — Quels sont les vêtements les plus hygiéniques après ceux de laine? — Quel est l'inconvénient que présentent les vêtements de caoutchouc? — N'y a-t-il pas de précautions à observer, lorsque arrive la saison de remplacer les vêtements d'hiver par ceux d'été? — Quelles précautions faut-il prendre lorsqu'on est en sueur? — Pourquoi ne doit-on se serrer fortement ni la taille ni le cou? — Quel est l'inconvénient des chaussures trop étroites? — Quelles sortes de coiffures doit-on préférer? — Pourquoi est-il bon de changer fréquemment de linge?

[1] L'emploi de bretelles dispense de serrer outre mesure la ceinture du pantalon.
Les jarretières trop serrées engendrent des varices.

V. — Des bains.

447. Les bains ont pour principal effet d'entretenir la propreté du corps.

Selon la température de l'eau, on distingue les *bains froids* et les *bains chauds*.

448. Les bains froids sont les bains pris en été à la température des rivières ou de la mer, c'est-à-dire de 15 à 25 degrés. Ils sont fortifiants, pourvu que la durée n'en soit pas trop prolongée et que le corps agisse pendant qu'il est dans l'eau. Les bains de mer sont plus fortifiants encore que ceux d'eau douce; mais ils sont trop excitants pour certains tempéraments nerveux.

Lorsqu'on prend un bain froid, on doit entrer rapidement dans l'eau et se mouiller tout le corps en même temps.

449. Les bains chauds se prennent dans des baignoires ou des piscines. Leur température est comprise entre 25 et 35 degrés. Ils sont calmants; mais, trop prolongés, ils affaiblissent. Au sortir d'un bain chaud on doit prendre garde aux refroidissements.

Les bains trop chauds, c'est-à-dire ceux dont la température est supérieure à 35 degrés, peuvent offrir d'assez graves inconvénients ([1]), on ne doit prendre ces bains que sur l'ordonnance des médecins.

450. On ne doit jamais prendre un bain, surtout un bain froid, lorsque le corps est en sueur et lorsque la digestion du repas précédent n'est pas achevée. Il est toujours prudent de laisser au moins trois heures d'intervalle entre un repas et un bain ([2]).

---

[1] Ils peuvent provoquer une congestion cérébrale ou pulmonaire.
[2] Les partisans d'hydrothérapie affirment cependant qu'une immersion rapide dans l'eau froide, même après le repas, n'offre aucun danger et peut être souvent salutaire.

QUESTIONNAIRE. — Quel est le principal effet hygiénique des bains? — Comment divise-t-on les bains, eu égard à leur température? — Quelle est la température des bains froids? — Quel est l'effet de ces bains? — A quelles conditions cet effet se produit-il? — Quels sont les bains froids les plus fortifiants? — De quelle manière faut-il entrer dans l'eau pour prendre un bain froid? — Quelle est la température des bains chauds? — Quel est l'effet de ces bains? — Quel inconvénient produisent-ils lorsqu'ils sont trop prolongés ou trop chauds? — Quelle précaution doit-on prendre au sortir d'un bain chaud? — Dans quelles circonstances doit-on s'abstenir de prendre un bain? — Quel est l'intervalle qu'il est prudent de laisser entre un repas et un bain?

VI. — Des exercices corporels.

451. L'exercice et le travail corporels non poussés à l'excès sont toujours favorables à la santé. Ils augmentent l'énergie musculaire, excitent l'appétit, favorisent la digestion, rendent le sommeil plus profond et plus tranquille, et l'esprit plus dispos.

L'exercice est surtout utile aux personnes que leurs occupations condamnent à un genre de vie sédentaire, comme les employés de bureau.

452. Le meilleur moment pour prendre de l'exercice est celui qui suit les repas; mais l'exercice à ce moment doit être modéré, pour que la digestion du repas n'en soit pas troublée.

Les personnes qui prennent l'habitude de lire ou d'écrire immédiatement après leurs repas, finissent presque toujours par contracter des maladies d'estomac, par perdre l'appétit et le sommeil.

. Quant aux personnes dont les occupations sont fatigantes pour le corps, elles se reposent par un exercice intellectuel, comme l'étude et la lecture.

En aucun cas, d'ailleurs, on ne devra prendre l'habitude des distractions d'estaminet, habitudes au moins inutiles, sinon nuisibles.

QUESTIONNAIRE. — Quels sont les effets hygiéniques de l'exercice et du travail corporels? — Quelles sont les personnes qui doivent rechercher l'occasion de faire de l'exercice? — A quel moment l'exercice est-il particulièrement salutaire? — N'y aurait-il pas cependant un inconvénient à ce qu'il fût trop violent? — Quelles sont les suites, pour la santé, de l'habitude de lire ou d'écrire immédiatement après les repas? — Comment se délassent les personnes dont les occupations sont fatigantes pour le corps? — Que dites-vous des habitudes d'estaminet?

VII. — Du sommeil.

453. Un sommeil profond et tranquille, pris à l'heure du repos, c'est-à-dire la nuit, importe non seulement à la santé, mais encore à l'humeur et à l'esprit.

La durée du sommeil utile à chacun varie selon l'âge et l'état de santé. En général, les jeunes enfants ont besoin de dix à treize heures de sommeil chaque jour; six à sept heures suffisent à l'homme adulte bien portant; il en faut moins encore au vieillard.

Sous les climats tempérés, le sommeil pris au milieu de la journée n'est utile qu'aux jeunes enfants et aux ouvriers dont les travaux sont très fatigants.

Les excès de régime, les préoccupations vives nuisent au sommeil. Certaines substances le retardent, comme le thé, le café, les vins mousseux. D'autres, au contraire, le provoquent, comme les infusions de laitue, l'opium et, en général, les substances appelées *narcotiques;* mais la plupart des narcotiques étant de véritables poisons, on n'en doit faire usage, pour provoquer le sommeil, que d'après l'ordonnance du médecin.

454. Pour dormir paisiblement et en toute sécurité, il faut, autant que possible, reposer loin du bruit, dans une pièce suffisamment spacieuse dont l'air ait été renouvelé pendant le jour, et n'avoir près de soi ni lampe allumée, ni fleurs. Le lit doit être plutôt résistant que mou, élevé vers la tête; les couvertures doivent être modérément épaisses.

On dort généralement de préférence sur le côté droit; cependant il est bon de s'habituer à dormir indifféremment sur les deux côtés du corps, afin de conserver l'égalité entre les organes symétriques du côté droit et du côté gauche.

455. Enfin, on ne doit pas oublier que, si la privation habituelle du sommeil est une cause d'altération pour la santé, l'habitude d'un sommeil trop prolongé ou trop fréquemment renouvelé a des conséquences toujours fâcheuses, en provoquant à la paresse, à l'inertie intellectuelle, et prédisposant à l'apoplexie.

QUESTIONNAIRE. — Le sommeil, pris dans les circonstances convenables, n'importe-t-il qu'à la santé? — Quelle doit être la durée du sommeil dans les différents âges de la vie? — Quelles sont les personnes auxquelles il peut être utile de dormir le jour? — Indiquez les causes capables de nuire au sommeil. — Nommez des substances qui retardent le sommeil. — Nommez-en qui produisent l'effet contraire. — Que dites-vous de l'emploi des narcotiques? — Quelles sont les conditions d'un sommeil paisible? — Est-il utile de s'habituer à dormir indifféremment sur les deux côtés du corps? — Quels sont les inconvénients d'un sommeil habituellement trop prolongé ou trop fréquent?

VIII. — Hygiène des sens.

456. VUE. — On conserve sa vue intacte en évitant, en premier lieu, l'action d'une lumière trop vive. Ainsi, on doit s'interdire de regarder le soleil en face et éviter d'en recevoir les rayons réfléchis par des surfaces blanches et brillantes. On se gardera aussi de l'excès de lumière dans l'éclairage artificiel.

En second lieu, on ne doit pas abuser du travail prolongé sur de menus objets, comme la couture ou la lecture, surtout la nuit, à la lumière.

Enfin, on doit se préserver de courants d'air froid sur les yeux pendant le sommeil.

Si la vue baisse et que le besoin impérieux de lunettes ou de conserves se fasse sentir, on devra les choisir avec le plus grand soin, de manière que les verres soient parfaitement appropriés aux exigences de sa vue.

457. Ouïe. — La principale précaution hygiénique relative à la conservation de l'ouïe est le nettoyage fréquent du conduit auditif ou oreille externe. En outre, on doit éviter l'action prolongée d'un vent froid sur le même côté de la tête, ainsi que l'introduction de la neige ou de l'eau froide dans le conduit de l'oreille.

Si l'on est dans un lieu où se produisent des bruits subits et violents, comme des détonations, il est prudent de se placer de manière à avoir en face de soi le théâtre de l'explosion et d'ouvrir largement la bouche, afin que l'air entrant d'un côté dans l'oreille externe et, de l'autre, dans l'oreille moyenne par la trompe d'Eustache (302), la membrane du tympan se trouve également pressée sur ses deux faces.

458. Odorat. — On doit éviter la perception prolongée d'odeurs fortes, dont l'action affaiblit ou détruit le sens de l'odorat. L'usage du tabac à priser doit être proscrit pour le même motif, à moins que l'utilité n'en soit réellement constatée pour guérir des affections nerveuses de la tête.

459. Gout. — Le sens du goût est émoussé par les substances à saveur irritante, comme l'alcool, le poivre, la moutarde. On se gardera donc d'abuser de ces diverses substances, ainsi que de tous les assaisonnements trop excitants. Nous avons déjà vu, d'ailleurs, que l'abus des assaisonnements expose à des dérangements d'estomac et à des inflammations d'entrailles.

L'abus du tabac à fumer a aussi pour effet d'affaiblir

le sens du goût. D'ailleurs son usage est toujours plutôt nuisible qu'utile, surtout pour les jeunes gens dont la constitution n'est pas encore formée.

Enfin, on doit se rappeler que les mets les plus délicats ne sont pas toujours les plus sains; qu'en outre il est indigne d'une personne sérieuse de rechercher la satisfaction du sens du goût en dehors du besoin de prendre de la nourriture, et que cette recherche conduit à l'intempérance et à toutes les misères physiques et morales qui en sont la conséquence certaine.

460. TOUCHER. — Le sens du toucher s'exerce à travers l'épiderme qui recouvre la surface de la peau; aussi, plus l'épiderme est mince, plus ce sens est développé. Par contre, si l'épiderme augmente d'épaisseur, le toucher perd de sa délicatesse. Généralement les professions manuelles qui obligent à manier des corps rudes ou des instruments pesants ont pour effet de rendre la main calleuse, et, par conséquent, d'affaiblir plus ou moins la sensibilité de la peau. On peut obvier à cet inconvénient en enlevant de temps en temps les callosités qui se sont formées sur l'épiderme, soit à l'aide du canif, soit par le frottement d'un corps dur et rugueux. Cette petite opération est facilitée par l'immersion préalable de la main dans l'eau pendant quelques instants.

D'ailleurs la crainte de la formation de callosités dans la main ne doit pas détourner des occupations manuelles, occupations qui ne dégradent jamais celui qui s'y livre et qui sont, on le sait, l'un des moyens les plus efficaces de conserver sa santé.

QUESTIONNAIRE. — Indiquez les influences fâcheuses pour la vue dont on doit se préserver avec soin? — Quelle précaution doit-on observer quand on se résout à faire usage de lunettes? — Quel est le principal soin hygiénique relatif à la conservation de l'ouïe? — Quelles autres précautions doit-on prendre dans le même but? — Comment peut-on éviter l'effet dangereux pour l'ouïe de détonations violentes? — Faites connaître l'action des odeurs fortes, ainsi que celle du tabac à priser, sur le sens de l'odorat? — Comment le sens du goût est-il influencé par les saveurs âcres? — Quels sont les inconvénients de l'abus du tabac? — Que doit-on penser du vice de la gourmandise? — Indiquez les causes qui affaiblissent le sens du toucher. — Comment peut-on en atténuer les effets? — Doit-on craindre outre mesure d'avoir la main calleuse?

TABLE DES MATIÈRES

——◦◦◦◦◦◦——

PHYSIQUE

. . . .

8

CHIMIE

HISTOIRE NATURELLE

—

MINÉRALOGIE ET GÉOLOGIE

HYGIÈNE

—

Bordeaux. — Imprimerie G. GOUNOUILHOU, rue Guiraude, 17.